Tous nos ouvrages sont disponibles aux

Éditions Decoopman
Ferrières
30440 Saint-Laurent-le-Minier
Tel : +33 (0)4.67.73.90.95
web : www.decoopman.com
e.mail : editions@decoopman.com

Olivier Lacaux
Jean Castanier

I.S.B.N. 978-2-917254-99-8

Dépot légal : 1er trimestre 2014

Ouvrages parus
dans la même collection :

- *Distribution de la vapeur* - M. Castelnau
- *Fabriquer des moteurs Stirling* - A. Ross
- *Moteurs* - Tome 1 et 2 - Max de Nansouty
- *Moteurs & Gazogènes* – L. Letombe
- *L'Artillerie moderne de monde industriel)* – L. Huard
- *La Marine de guerre de monde industriel)* – L. Huard
- *Locomotive & Chemin de Fer* – L. Figuier
- *Engrenages & Transmissions* – G. Franche
- *La machine locomotive* – E. Sauvage
- *Gouvernails à vapeur FARCOT* – J. Farcot
- *Les bateaux à vapeur* – L. Figuier
- *Les Locomobiles* – L. Figuier
- *La machine à vapeur T1* – E. Sauvage
- *La machine à vapeur T2* – E. Sauvage
- *Manuel du moteur Stirling pour le modéliste* – D. Lyonnet
- *Les chemins de fer* – A. Guillemin
- *Tiroirs et distributeurs de vapeur* – A. Madamet
- *La Marine de guerre – A. Sauvaire–Jourdan*
- *L'A.B.C. du Chauffeur* – H. Mathieu
- *La navigation sous–marine* – G.L. Pesce
- *Histoire de la machine à vapeur* – R.H. Thurston
- *Les paquebots à grande vitesse* – M. Dumoulin
- *Les Moteurs* – H. de Graffigny
- *Les Torpilles* – E. Hennebert
- *507 Mouvements mécaniques* – H. Brown
- *Les Machines* – E. Collignon
- *La Vapeur* – A. Guillemin

TRAITÉ PRATIQUE

DU TRACÉ ET DE LA TAILLE DES

ENGRENAGES

Louis WÈVE

Ingénieur
Chef de service à la société anonyme Verviétoise
pour la construction de machines
Professeur à l'école industrielle de Namur

1918

INTRODUCTION

Depuis un certain nombre d'années l'usage des fraises, introduit en Europe par les Américains, s'est répandu dans la plupart des bons ateliers de construction du Continent et a remplacé, dans bien des travaux, la machine à raboter, la mortaise et l'étau-limeur.

La fraise permet un travail rapide des pièces en séries ; elle dresse une surface avec une continuité et un fini parfaits ; elle n'exige pas de l'ouvrier d'aptitudes bien spéciales.

On l'utilise beaucoup aujourd'hui pour la construction des engrenages. Il est peu avantageux, dans bien des cas, d'employer des roues dentées fondues, au moins jusqu'à certains diamètres. Une roue taillée, à transmission de puissance égale, pèse moins qu'un engrenage coulé, surtout si elle est en acier ; elle est plus durable et son roulement parfait n'absorbe pas autant d'énergie. L'élaboration des modèles s'impose d'ailleurs à la machine à fraiser.

On admet généralement que l'épaisseur d'une dent taillée doit être égale exactement à la largeur du vide où elle se loge ; toutes les roues de même pas peuvent donc engrener ensemble sans aucun choc et sans bruit ; elles préservent les mécanismes des à-coups qui se produisent avec les roues à dents fondues

La littérature technique relative aux roues taillées ne s'est répandue qu'avec une certaine lenteur ; elle est à peu près confinée dans quelques catalogues, bien connus mais incomplets.

Il nous a paru intéressant de coordonner les renseignements que nous avons trouvés dans certains ouvrages américains sur la question avec la pratique usuelle de nos ateliers et d'habiller le tout à la mode française, dans notre langue technique et avec nos mesures décimales.

Nous avons puisé un certain nombre de nos études dans une brochure publiée en anglais, le *Practical treatise on gearing* qu'a fait éditer la maison Brown et Scharpe, de Providence.

Nous avons pensé que cette coordination pouvait être utile aux contremaîtres, aux dessinateurs et aux ingénieurs que la question intéresse et qui n'auraient pu, faute de temps, puiser à diverses sources et poursuivre l'étude de ce problème simple, c'est vrai, mais combien intéressant.

Ce livre est donc destiné aux praticiens.

Nous profitons de l'occasion pour remercier M. A. Hansenne, directeur de filature à Verviers, qui a bien voulu se charger de l'aride travail du traducteur, ainsi que les constructeurs de machines-outils qui nous ont communiqué les renseignements relatifs à leurs spécialités, notamment MM. Fenwin frères à Paris, les agents de Brown et Scarpe et de la Gleason Tool Co.

Partie 1

ENGRENAGES DROITS
ENGRENAGES CONIQUES
ENGRENAGES A VIS SANS FIN

Chapitre I

Définitions — Conventions — Calcul d'une circonférence et d'un diamètre

1. Cylindres primitifs

Considérons (fig. 1) deux cylindres en contact suivant une génératrice commune ; leurs axes sont parallèles ; les arbres qui les portent sont sensés pouvoir tourner librement. Si nous admettons entre les deux cylindres une pression suffisante pour qu'il y ait

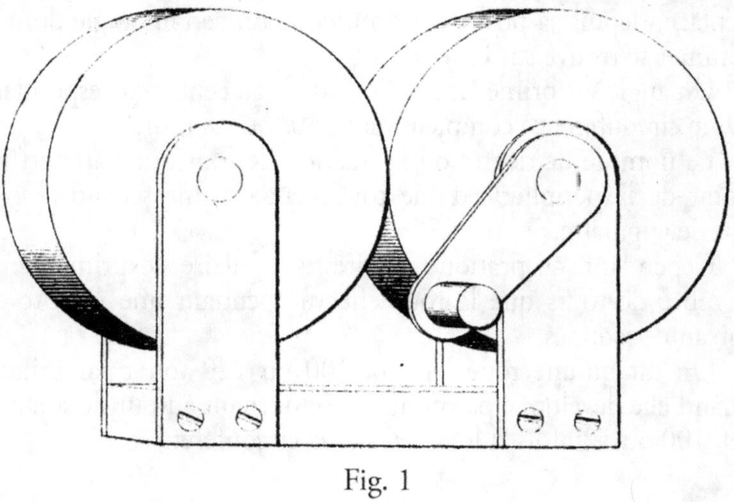

Fig. 1

adhérence et si nous faisons tourner l'un deux, l'autre se mouvra sans glissement.

Deux cylindres adhésifs disposés de cette façon s'appellent des roues de friction.

Traçons à la craie, sur chacun des cylindres, une ligne droite le long de la génératrice de contact. Si nous actionnons le cylindre moteur, les deux traits s'écartent mais leur distance jusqu'à la position primitive, mesurée sur l'arc du cercle de base de chacun des cylindres, reste la même, sans quoi il y aurait glissement. On dit que les vitesses linéaires des deux cylindres sont égales.

2. Vitesse linéaire

On appelle vitesse linéaire d'un point mobile la distance, évaluée en mètres, que parcourt ce point pendant une seconde. La vitesse linéaire d'une roue tournant autour de son axe est donc la longueur, mesurée en mètres, de l'arc que parcourt un point de la périphérie pendant une seconde.

3. Vitesse angulaire

Chacun des points d'une roue en évoluant autour de l'axe se déplace, depuis sa position primitive, d'un certain angle dont le sommet se trouve sur l'axe.

Un angle s'exprime en degrés ; l'angle au centre correspondant à une circonférence complète vaut 360° ou un tour.

Le nombre de degrés ou la fraction de tour que parcourt un point de la périphérie d'une roue pendant une seconde est sa vitesse angulaire.

Cependant, en pratique, la vitesse angulaire s'exprime par le nombre de tours que la roue effectue pendant une minute ou soixante secondes.

On dit qu'une roue fait 90, 100 ou 120 tours par minute quand elle développe par minute, en tournant autour de son axe, 90, 100 ou 120 fois la longueur de sa circonférence.

4. Vitesses angulaires relatives

Si les deux cylindres ont le même diamètre, les génératrices de contact se superposent à nouveau au bout d'un tour complet ; pendant que l'un des cylindres fait un tour, le second effectue aussi un tour. Mais si l'un d'eux a un diamètre double, le second effectue deux tours pendant le temps que le premier n'en fait qu'un. Dans ce cas la vitesse angulaire varie mais la vitesse linéaire reste la même.

5. Inconvénients de deux roues de friction

Deux roues de friction constituent un mécanisme qui pourrait trouver de nombreux emplois dans l'industrie, si les cylindres tournaient constamment sans glissement. En réalité leur usage est très restreint en pratique ; le glissement ne peut s'annuler qu'en exerçant une pression plus ou moins considérable entre les deux corps en contact ; il résulte de ce fait des réactions sur les coussinets et une consommation bien inutile d'énergie.

Pour éviter cet inconvénient on construit des cylindres pourvus sur leur périphérie d'aspérités et de vides correspondants ; les aspérités et les vides sont destinés à produire l'entraînement sans glissement.

6. Engrenages - Roues dentées

Dans la périphérie de deux cylindres (fig. 2) ménageons des vides équidistants. Les parties pleines comprises entre deux vides consécutifs s'appellent des dents ; l'ensemble des vides et des dents constitue une denture ; tout cylindre pourvu de dents se nomme engrenage ou roue dentée. Deux ou plusieurs engrenages engrenant l'un sur l'autre déterminent *un train d'engrenages.*

7. Définitions

La droite *cc'* (fig. 2) qui joint les centres de deux roues en contact s'appelle *ligne des centres.*

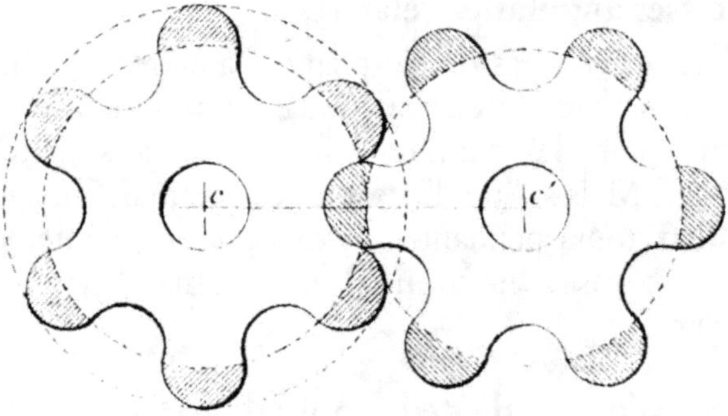

Fig. 2

Les circonférences de base de deux cylindres tangents, dépourvus de dents sont les *cercles primitifs* ou *cercles de division.*

Quand deux engrenages engrènent l'un sur l'autre, les cercles primitifs roulent sans glissement. Le cercle primitif existe géométriquement dans toute roue dentée.

Le diamètre d'un cercle primitif s'appelle *diamètre primitif,* et son rayon, *rayon primitif.*

Le cercle de tête ou de couronne limite extérieurement les dents. Le cercle de racine ou de pied limite intérieurement la denture et réunit ensemble les pieds ou racines des dents.

Le cercle primitif joue un rôle important dans l'étude des engrenages. Le problème à résoudre dans le tracé ou la taille des roues dentées est d'adopter un profil de dent tel que les cercles primitifs se touchent sans glissement.

L'espace vide compris entre deux dents successives, mesuré sur l'arc du cercle primitif, s'appelle largeur du vide.

La hauteur du vide comprise entre le cercle primitif et le cercle de racine, mesurée sur la ligne des centres, se nomme le creux. L'épaisseur d'une dent est la distance d'une joue à l'autre joue de la dent mesurée sur le cercle primitif. On appelle flanc, racine ou pied de la dent la partie sous le cercle primitif ; le flanc est donc égal au creux. La tête ou saillie de la dent est la partie émergeant au-dessus du cercle primitif.

Le pas circulaire ou pas circonférentiel est l'espace compris entre l'axe d'une dent et l'axe de la dent suivante mesuré sur le cercle primitif. C'est aussi la distance, évaluée sur ce cercle, d'une joue d'une dent à la joue opposée de la dent qui suit.

Il y a évidemment, dans un engrenage, autant de dents qu'il y a de vides et autant de pas circulaires qu'il y a de dents et de vides.

On peut supposer le diamètre primitif divisé en autant de parties égales qu'il y a de pas circulaires ou de dents sur le cercle primitif. Chacune de ces parties du diamètre primitif se nomme *pas diamètre* ou *module.*

Le module d'une roue dentée est donc le quotient du diamètre primitif par le nombre de dents.

Une dent qui engrène dans le vide d'une autre denture ne peut s'étendre jusqu'au fond car, en tournant, elle y viendrait buter ; on ménage entre la circonférence de tête d'une roue et la circonférence de racine d'une seconde roue engrenant sur la première un espace que l'on appelle jeu. Le jeu se mesure sur la ligne des centres. La dent, en tournant, ne touche donc pas sut toute sa hauteur la dent correspondante ; la circonférence qui passe par le point où elle cesse tout contact se nomme *cercle limite.*

La plupart des expressions précédentes sont utilisées dans le langage technique français ; il convient de bien se pénétrer de leur valeur relative pour ne commettre aucune erreur dans la suite.

8. Conventions

Nous adoptons dans le cours de cet ouvrage les notations suivantes (fig. 3) :

- D, diamètre de tête ou de couronne limitant extérieurement une roue ;
- D', diamètre du cercle primitif ou de division ;
- P', pas circulaire ou pas circonférentiel mesuré sur le cercle primitif ;
- *l*, épaisseur d'une dent, mesurée sur le cercle primitif ;
- *f*, jeu entre la tête d'une dent et le fond du vide correspondant,

évalué sur la ligne des centres ;

s, partie de la hauteur de la dent comprise entre le cercle primitif et le cercle de racine ; cette quantité se mesure sur la ligne des centres ;

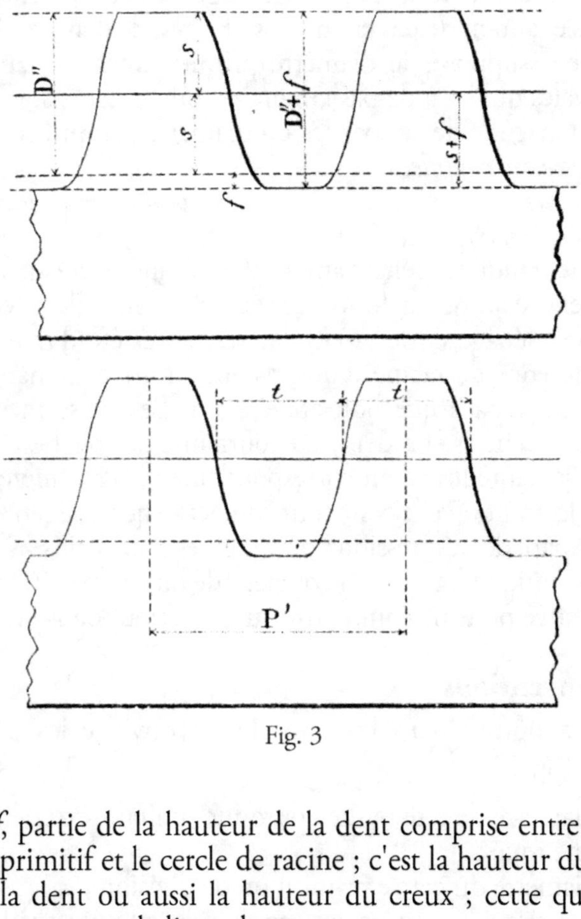

Fig. 3

s + f, partie de la hauteur de la dent comprise entre le cercle primitif et le cercle de racine ; c'est la hauteur du pied de la dent ou aussi la hauteur du creux ; cette quantité se mesure sur la ligne des centres ;

a, pas diamètre ou module ; quotient du diamètre primitif par le nombre de dents ; *a* est donc un rapport et non une mesure ; N, nombre de dents ;

π = 3,1416 rapport d'une circonférence à son diamètre ou circonférence de diamètre égal à l'unité ; cette lettre se lit pi ;

P', se lit P prime ;

D", se lira D seconde ;

D_1, D un;

D'_1, D prime un.

9. Calcul de la longueur d'une circonférence ou d'un diamètre.

Le produit du diamètre, exprimé en millimètres, d'un cercle par π est la longueur en millimètres de la circonférence du cercle. Si C est la longueur de la circonférence et D son diamètre on peut écrire :

$$C = \pi \times D$$

expression qui peut se mettre sous la forme :

$$D = C / \pi$$

et s'exprimer comme suit :

Réciproquement, le quotient de la longueur d'une circonférence par π est le diamètre du cercle. — Diviser par π c'est multiplier par 1 / π ou 1 / 3,1416 = 0,318. Connaissant la longueur d'une circonférence, il suffit de la multiplier par 0,318 pour obtenir le diamètre.

Un cercle de diamètre égal à 250 mm a une circonférence égale à 250 x 3,1416 = 785,4 mm. Une circonférence de 785,4 mm de longueur a un diamètre égal à 785,4 x 0,318 = 250 mm.

Chapitre II

Classification — Proportions usuelles — Rapport d'engrenages — Retrait des roues fondues — Précautions pour la coulée.

10. Classification

Les engrenages ont pour but de communiquer le mouvement d'un arbre moteur à un arbre conduit dans un rapport de vitesse déterminé ; deux axes ou deux droites ne peuvent occuper par rapport l'un l'autre que trois positions différentes :

1° Ils sont parallèles ;
2" Ils se coupent ;
3° Ils se croisent sans se couper.

Il n'existe donc en réalité, en pratique, que trois espèces d'engrenages :

- *Les engrenages droits* ; ils ont leurs axes parallèles et leurs dents sont droites ; certains engrenages à axes parallèles n'ont cependant pas leurs dents droites ; ce sont les engrenages hélicoïdaux à axes parallèles ;
- *Les engrenages coniques* ; leurs axes, supposés prolongés, se rencontrent en un point appelé sommet ; leurs dents sont droites. Dans les engrenages coniques les surfaces primitives qui roulent l'une sur l'autre sans glissement sont des cônes

ou des troncs de cônes dont les sommets coïncident avec le point de rencontre des axes supposés prolongés ;

- *Les engrenages hélicoïdaux à axes croisés* ; leurs axes ne sont pas parallèles ; ils ne se rencontrent pas quand on les prolonge ; les dents ont la forme hélicoïdale ou en filet de vis. A cette catégorie se rattachent les engrenages à vis sans fin constitués d'une vis motrice actionnant une roue hélicoïdale.

Il existe un dernier type de roues dont les axes se croisent sans se couper : ce sont les *roues hyperboliques* ; leur exécution coûteuse, la perte importante de travail qui résulte du frottement de leurs dents, leur usure rapide et la possibilité de les éviter par d'autres combinaisons d'engrenages, les a fait exclure de la pratique courante. Nous ne les étudierons pas.

On peut consulter avec fruit, à ce sujet, les pages que Reuleaux leur a consacrées dans son livre *Le Constructeur*, et Keller dans son *Calcul des Transmissions.*

11. Proportions usuelles

La plupart des ateliers admettent aujourd'hui les proportions suivantes pour la denture des engrenages taillés.

La largeur du vide est égale à l'épaisseur de la dent. Le pas circonférentiel est donc égal à la largeur du vide plus deux demi-épaisseurs de dent ; ou à deux largeurs de vide ; ou à deux épaisseurs de dent.

Réciproquement, l'épaisseur d'une dent ou la largeur du vide est égale à la moitié du pas circulaire. Il n'y a aucun jeu entre une dent et les deux dents qu'elle engrène.

La saillie d'une dent ou hauteur de la dent au-dessus du cercle primitif est égale à la hauteur de la dent comprise entre le cercle primitif et le cercle limite ; elle est égale à s.

La hauteur d'une dent comprise entre le cercle de couronne et le cercle limite vaut donc 2 *s* ; nous la désignons par D" ; on a D" = 2s.

On adopte, d'une façon générale, $s = a$; c'est-à-dire que *la saillie d'une dent et sa hauteur entre le cercle primitif et le cercle limite sont égales au pas diamètre ou module.*

A vrai dire quand nous rapportons les dimensions proportionnelles d'une denture au module considéré comme unité, nous commettons un non-sens technique puisque le module est un rapport de deux quantités et non une longueur, mais c'est, une abréviation de langage très utile. Cela s'entend toujours en supposant que le chiffre qui exprime le module représente des millimètres. Ainsi, dans une roue de module 4, la saillie des dents est égale à 4 mm. Nous aurons l'occasion de discuter plus longuement la valeur de cette conception mécanique.

Le pas diamètre ou module est le quotient du diamètre primitif par le nombre de dents. On peut écrire :

$$a = D' / N$$

ou

$$D' = a \times N$$

Le diamètre primitif, exprimé en millimètres, est égal au produit du module par le nombre de dents.

On prend le jeu f à $t / 10$ ou *égal au dixième de l'épaisseur t de la dent.*

Le diamètre du cercle de couronne $D = D' + 2s = D' + 2a = N \times a + 2a = a\ (N+2)$

Le diamètre de couronne est égal au produit du nombre de dents plus deux par le module.

La hauteur de la dent sous le cercle primitif, ou hauteur de la racine ou pied, ou hauteur du creux, est $s + t / 10 = a + t / 10$ ou le module augmenté du dixième de l'épaisseur de la dent.

La hauteur totale d'une dent, comprise entre le cercle de racine et le cercle de couronne est $2s + 1 / 10 = 2a + t / 10$ *ou deux fois le module augmenté du dixième de l'épaisseur de la dent.*

Le pas circonférentiel est le quotient de la longueur de la circonférence primitive par le nombre de dents ou

$$P' = \pi D' / N = \pi N a / N = \pi \times a$$

Le pas circulaire est égal au produit du module par π

De plus, π étant une constante, on peut dire que :

Tous les engrenages de même module ont le même pas circulaire quels que soient leur diamètre et le nombre de leurs dents. Ils ont aussi la même épaisseur de dent et la même largeur de vide puisque ces éléments sont la moitié du module. Enfin, ils ont la même hauteur de dent car celle-ci est égale à $2a + t/10$.

Appelons L la distance de centre à centre de deux roues engrenant l'une sur l'autre ; D' et N le diamètre primitif et le nombre de dents de l'une d'elles ; D'_1 et N_1 les mêmes éléments de la seconde roue. Pour que les deux engrenages engrènent correctement, leurs modules doivent être égaux ; cette condition nécessite en effet l'égalité des pas circulaires ou des épaisseurs de dents et des largeurs de vides. On peut donc écrire :

$$D' = a \times N$$
$$D'1 = a \times N1$$
$$D' + D'1 = 2L$$

par suite :

$$L = (D' + D'_1) / 2 = (aN + aN_1) / 2 = a\,[(N+N_1) / 2]$$

La distance de centre à centre de deux roues dentées qui engrènent est égale au produit du module par la moitié de la somme de leurs nombres de dents respectifs.

12. Exemple

Soit un engrenage de 70 dents du module 4,75. Le diamètre primitif est :

$$D' = N.a = 70 \times 4{,}75 = 332{,}5 \text{ mm}$$

Le diamètre de couronne sera :

$$D = a(N + 2) = 4{,}75\ (70 + 2) = 4{,}75 \times 72 = 342 \text{ mm}$$

La saillie de la dent ou hauteur au-dessus du cercle primitif a pour valeur :

$$s = a = 4{,}75 \text{ mm}$$

La distance du cercle primitif au cercle limite est :

$$s = a = 4{,}75 \text{ mm}$$

Le pas circulaire a pour valeur :

$$P' = \pi \text{ x } a = 3{,}1416 \text{ x } 4{,}75 = 14{,}922 \text{ mm}$$

L'épaisseur de la dent et la largeur du vide sont :

$$t = P' / 2 = 14{,}922 / 2 = 7{,}461 \text{ mm}$$

Le jeu

$$f = t / 10 = 7{,}46 / 10 = 0{,}74 \text{ mm}$$

La hauteur de la racine ou pied ou du creux, ou la distance du cercle primitif au cercle de racine a pour valeur :

$$s + f = 4{,}75 + 0{,}74 = 5{,}49 \text{ mm}$$

La hauteur totale de la dent vaut :

$$2s + f = 2 \text{ x } 4{,}75 + 0{,}74 = 10{,}24 \text{ mm}$$

Si un engrenage de 90 dents engrène sur la roue de 70 dents, la distance des centres sera :

$$L = a\,[(N + N_1)/ 2] = 4{,}75\,((70 + 90) / 2) = 380 \text{ mm}$$

13. Rapport d'engrenages

La vitesse linéaire d'une roue a pour expression la distance en mètres parcourue par un point de la périphérie en une seconde. Chaque fois que la roue fait un tour complet, le point effectue un trajet $\pi D'$, D' étant le diamètre de la roue. Si la roue fait n tours en une minute, le chemin parcouru par le point, pendant le mème temps, sera $\pi D' \text{ x } n$; une minute vaut 60 secondes ; la vitesse linéaire est :

$$v = (\pi D' n) / 60$$

Si deux roues s'entraînent sans glissement, leurs vitesses linéaires sont égales ; soient n_1 et D'_1 le nombre de tours par minute et le diamètre d'une seconde roue ; on peut écrire :

$$(\pi D' n) / 60 = (\pi D'_1 n_1) / 60$$

ou

$$nD' = n_1D'_1$$

soit encore

$$D' / D'_1 = n_1/n$$

Connaissant le diamètre et le nombre de tours d'une roue on peut déterminer un élément de la seconde roue si l'autre est assigné. La relation précédente s'applique notamment aux rapports de vitesses des transmissions par courroie.

Désignons par N et D' le nombre de dents et le diamètre primitif d'un engrenage, N' et D'_1 les éléments correspondants d'un second engrenage actionnant le premier.

La circonférence primitive de chacun d'eux est égale au produit du pas circonférentiel commun par le nombre de dents qu'il porte. On peut poser :

$$\pi D' = NP'$$

avec

$$\pi D'_1 = N_1P'$$

Divisons ces deux expressions l'une par l'autre :

$$D' / D'_1 = N / N_1$$

or

$$D' / D'_1 = n_1 / n$$

Concluons :

$$N / N_1 = n_1 / n$$

ou

$$N \times n = N_1 \times n_1$$

Quand deux roues dentées engrènent l'une sur l'autre, le produit du nombre de dents par le nombre de tours pour chacune d'elles est constant.

Cette relation, fréquemment utilisée en pratique, permet de calculer l'un des éléments d'une roue, nombre de tours ou de dents, si l'on connaît les deux éléments de l'autre roue.

Elle est applicable à un train composé d'un nombre quelconque d'engrenages et particulièrement à une vis sans fin motrice actionnant sa roue hélicoïdale.

14. Application

Une roue A de z dents est calée sur une roue B de z_1 dents tournant à n tours par minute ; la roue A engrène sur une roue C de z_2 dents laquelle porte un engrenage D de z_3 dents ; D engrène sur une roue E de z_4 dents ; quel est le nombre de tours par minute effectué par E ?

La roue A, calée sur la roue B, tourne à n tours ; x étant le nombre de tours de la roue C on peut poser :

$$x = z_2 = z \times n$$

d'où

$$x = n\, z \,/\, z_2$$

La roue D, calée sur la roue C, tourne donc à $n\ (z/z_2)$ tours ; si y est le nombre de tours de la roue E :

$$y \times z_4 = n\ (z \,/\, z_2\,)\ z_3$$

ou

$$y = n\ (z/z_2)\ (z_3/z_4)$$

Le nombre de tours par minute de la dernière roue menée est égal au produit du nombre de tours par minute de la première roue menante par le rapport du produit des nombres de dents des roues menantes au produit des nombres de dents des roues menées.

Les multiplications de vitesse obtenues, comme dans l'exemple précédent, par des trains successifs de roues calées l'une sur l'autre ou sur le même arbre sont nécessaires pour réaliser une grande différence entre le nombre de tours de la première et de la dernière roue.

Théoriquement une seule paire suffit mais pratiquement, il en faut plusieurs. Si n est le nombre de transmissions, le nombre d'axes nécessaires sera $n + 1$.

Il est aisé de voir que si toutes les roues sont calées sur des axes successifs différents pour chacune d'elles le nombre de tours de la dernière roue est le même que si les intermédiaires n'existent pas. Le nombre d'intermédiaires influe simplement dans ce cas sur le sens de la rotation.

Si ce nombre est pair, le sens de la rotation est différent dans les deux roues extrêmes ; il est le même si le nombre d'intermédiaires est impair.

Le rapport de vitesse entre une roue et un engrenage plan ou crémaillère est purement linéaire. Si la roue, supposée motrice, a un diamètre primitif D' et effectue n tours par minute, elle développe, pendant le même temps, un chemin circulaire égal à $\pi D'n$.

La crémaillère avance rectilignement de la même quantité. Réciproquement, si une crémaillère motrice avance de l mm par minute, la roue qu'elle commande effectue, pendant le même temps, un nombre n de tours donné par la formule $l = \pi D'n$ d'où l'on tire :

$$n = l / \pi D'$$

Il existe des mécanismes plus ou moins compliqués, appelés *trains épicycles*, de *roues épicycloïdales, rouages, guirlande de roues*, composés de roues calées ou non sur des leviers mobiles et actionnant d'autres roues, des crémaillères, etc.

Nous citerons comme exemple la *roue planétaire de Watt*, mécanisme dans lequel une bielle de machine à vapeur à balancier, articulée au balancier, ne permet à une roue calée à l'extrémité de la bielle que des oscillations, les dispositifs de *Justice, Davies, Galloway* que Reuleaux a classés dans sa *Cinématique*, certains mécanismes utilisés dans les machines de l'industrie textile, dans la construction des machines à imprimer, en horlogerie, en automobile, etc.

Pour calculer les rapports de vitesse de ces combinaisons mécaniques il convient d'apporter une certaine attention à leur analyse.

15. Exemples

1°) Une roue de 70 dents tourne â 120 tours par minute ; elle engrène sur une roue de 90 dents ; à combien de tours tourne cette dernière ?

On a :

$$70 \times 120 = 90 \times n$$

$$n = (70 \times 120) / 90 = 93{,}333 \text{ tours}$$

2°) Une roue de 70 dents, tournant à 120 tours actionne un engrenage qui effectue 93,333 tours par minute ; quel est le nombre de dents de cet engrenage ?

On a l'égalité :

$$70 \times 120 = 93{,}333 \times N$$

et

$$N = (70 \times 120) / 93{,}333 = 90 \text{ dents}$$

16. Retrait des engrenages fondus. — Précautions pour la coulée

Les modèles destinés à la fonderie doivent avoir un diamètre suffisant pour compenser le retrait de la fonte lors du refroidissement.

Dans les modèles d'engrenages d'un certain diamètre, 300 à 600 mm par exemple, il suffit de prévoir sur le diamètre un retrait égal au $1/_{100}$ du diamètre fini.

Dans les modèles de petites roues, en dessous de 150 mm, on pourrait ne pas tenir compte du retrait si le mouleur avait soin de dégager ou de *ballotter* suffisamment le modèle dans le sable.

Les largeurs des vides entre les dents doivent être plus grandes que celles de la pièce finie ; on évite ainsi d'avoir trop de matière à enlever lors du parachèvement.

Dans les modèles métalliques, cette surlargeur des vides est de un demi-millimètre ; quelques fondeurs vont jusqu'à 1 et même 1,5 mm. Ces modèles n'ont pas de *dépouille*, c'est-à-dire de conicité pour le dégagement.

On peut laisser aux dents un dixième ou deux de millimètre pour le finissage qui s'effectue à la meule émeri ou à la lime.

On compte généralement, pour la fonte ordinaire, sur un retrait de 1 cm par mètre ; dans beaucoup d'ateliers, les modeleurs sont pourvus d'un mètre spécial dit mètre au retrait dont la longueur est de 101 cm ; cette longueur est divisée en cent parties égales. Il en résulte que l'ouvrier, au lieu de porter une cote de 1 m lue sur le dessin, porte en réalité 101 cm et qu'il tient compte ainsi, sans erreur possible, du retrait prévu.

Les engrenages sont généralement en fonte ; on en trouve en acier coulé ou forgé, en fer, en bronze, en métal delta et en cuir vert. Dans une pièce de fonte, les retraits inégaux qui se produisent proviennent de la différence de rapidité avec laquelle les diverses parties se refroidissent. Plus une pièce se refroidit lentement, moins elle prend de retrait. Les tensions qui se manifestent à des degrés divers dans une pièce de fonte qui se refroidit peuvent la détruire dans le moule même où elle a été coulée. Le refroidissement doit donc se produire le plus régulièrement possible. Il convient de donner aux engrenages une forme telle que les surfaces soient proportionnelles aux masses à refroidir. On peut s'opposer au gauchissement dû à un refroidissement irrégulier en donnant au moule une forme en sens contraire du voilement.

Le mieux est d'adopter une forme qui exclut les surtensions ou bien de couler en plusieurs pièces. Le retrait se produit particulièrement là où les sections changent brusquement ; on évite donc les changements brusques de forme ou on les opère graduellement ; on peut utiliser des *jets* qui se solidifient les derniers.

Les engrenages en fibre ou en cuir vert sont utilisés dans tous les cas où l'absence de bruit est une condition requise comme dans les monte-charges, les treuils, les voilures électriques, etc.

Chapitre III

Du module et du pas diamétral

17. Module

La circonférence primitive d'un engrenage est égale au produit du nombre de dents par le pas circulaire. On peut écrire :

$$\pi D' = NP'$$

Cette formule est particulièrement intéressante sous la forme :

$$D' / N = P' / \pi$$

D' / N n'est autre chose que le module ou pas diamètre ; on peut donc définir le module comme le quotient du pas circulaire par π. Or π, circonférence de diamètre égal à l'unité, que nous avons définie égale à 3,1416, vaut en réalité 3,141592653..., c'est-à-dire une quantité irrationnelle ou possédant un nombre indéfini de décimales. Le quotient d'un nombre entier par π est lui-même incommensurable. Il en résulte que le module et, par suite, les diamètres primitif et de couronne seraient incommensurables si l'on adoptait pour P' un nombre entier ou fractionnaire exact. Il est extrêmement utile en pratique que les diamètres de couronne soient exprimés par un nombre exact de millimètres ou de demi-millimètres afin de pouvoir tourner avec précision, avant fraisage, les disques, galets ou roues brutes. Dans ce but le rapport P' / π ou module, est toujours choisi a priori égal à un nombre entier ou à un nombre décimal à fraction limitée ; en d'autres termes, on adopte pour P' un multiple de π. C'est ce que nous avons fait dans l'exemple du paragraphe 12 en admettant a = 4,75. De cette façon le diamètre primitif et le diamètre de tête sont toujours un nombre exact de millimètres ou de demi-millimètres.

Le module n'est donc pas une longueur comme le pas circonférentiel mais bien un rapport D' / N ou P' / π. Pour trouver le module, le pas circulaire étant donné, il suffit de diviser le pas circulaire par π ou de le multiplier par 1 / π = 0,318. La constante π est l'unité ; le module 1 correspond à un pas circulaire de 3,14 mm, le module 2 au pas circulaire 2 x 3,14 = 6,28 mm et ainsi de suite.

Il est utile de posséder le tableau suivant des modules généralement employés dans l'industrie avec, vis-à-vis, le pas circulaire correspondant, la saillie et la hauteur des dents en millimètres.

DONNÉES RELATIVES AUX MODULES

Compris entre 1 et 12.

MODULE ou pas diam.	PAS circonfér.	SAILLIE (en mm.)	HAUTEUR de la dent (en mm.)	MODULE ou pas diam.	PAS circonfér.	SAILLIE (en mm.)	HAUTEUR de la dent (en mm.)
1	3,14	1	2,16	4 1/2	14,14	4,50	9,71
1 1/4	3,93	1,25	2,70	4 3/4	14,92	4,75	10,24
1 1/2	4,71	1,50	3,23	5	15,71	5	10,78
1 3/4	5,50	1,75	3,77	5 1/4	16,49	5,25	11,33
2	6,28	2	4,31	5 1/2	17,28	5,50	11,86
2 1/4	7,07	2,25	4,85	6	18,86	6	12,94
2 1/2	7,86	2,50	5,40	6 1/2	20,41	6,50	14,02
2 3/4	8,63	2,75	5,93	7	22	7	15,1
3	9,42	3	6,47	8	25,14	8	17,26
3 1/4	10,20	3,25	7	9	28,27	9	19,41
3 1/2	11	3,50	7,55	10	31,42	10	21,57
3 3/4	11,77	3,75	8,09	11	34,56	11	23,72
4	12,57	4	8,63	12	37,70	12	25,88
4 1/4	13,35	4,25	9,17				

Dans certains cas, on peut disposer des modules 13, 14, 15, 16, 17, 18, 19, 20, 21, 22 et 25 ; mais le tableau ci-dessus indique les modules d'un emploi fréquent. Ces modules sont suffisamment rapprochés pour qu'on puisse dans la plupart des cas choisir l'un d'eux, quitte à modifier légèrement soit la distance des centres, soit le rapport des diamètres primitifs, de façon à adopter le pas qui convient à l'effort que les dents ont à supporter (voir Partie II, n° 106). Voici cependant, à titre d'édification, le complément des modules de 13 à 18.

MODULE ou pas diamètre.	PAS circonférentiel.	SAILLIE (en mm.)	HAUTEUR de la dent (en mm.)
13	40,841	13	28,04
14	43,982	14	30,20
15	47,124	15	32,36
16	50,265	16	34,51
17	53,407	17	36,67
18	56,549	18	38,83

18. — Au lieu d'exprimer les diamètres par un nombre entier de millimètres, rien n'empêche de les déterminer en fonction de toute autre unité, le pouce anglais par exemple. Les Américains, qui n'ont pas encore adopté le système métrique, exécutent en effet leurs engrenages en prenant le pouce pour unité. Un certain nombre d'ateliers ont adopté cette manière d'opérer ; il est nécessaire que nous en donnions la théorie.

19. Pas diamétral

Les propositions usuelles des roues dentées sont exprimées en Amérique en fonction du pouce anglais ; le pouce vaut 25,4 mm et un pied vaut 12 pouces. La plupart des bons mètres du commerce portent d'ailleurs, d'un côté, la division décimale, de l'autre, la division anglaise. Les diamètres sont exprimés par un nombre exact de pouces ou par un nombre fractionnaire exact :

$$3/4 \text{ P}'',\ 1/2 \text{ P}'',\ 3/8 \text{ P}'', \text{etc}$$

Au lieu du module, les Américains admettent, pour définir un engrenage, le *pas diamétral* ou *nombre de dents par pouce de diamètre primitif.* Ils l'appellent *Diamétral Pitch.* Un engrenage de 30 dents, 3 pouces de diamètre primitif, est du pas diamétral 10 ou 10P parce qu'il a 10 dents par pouce de diamètre primitif.

Soient N le nombre de dents, P le pas diamétral ou nombre de dents par pouce de diamètre primitif et D' le diamètre primitif.

Si, par pouce de diamètre primitif D', on a P dents sur la roue,

Pour D' pouces on aura

$$P \times D'$$

donc

$$N = P \times D'$$

ou

$$P = N / D'$$

soit encore

$$D' = N / P$$

Le pas diamétral est égal au quotient du nombre de dents par le diamètre primitif. D'autre part,

$$\pi D' = NP' \quad \text{ou} \quad N / D' = \pi / P'$$

On peut donc écrire :

$$P = N / D' = \pi / P'$$

Le pas diamétral est le quotient de π par le pas circonférentiel.

Or, le module ou pas diamètre est égal au quotient du diamètre primitif par le nombre de dents ou au quotient du pas circonférentiel par π.

Le pas diamétral est donc l'inverse du module et réciproquement.

Écrivons donc :

$$P = 1 / a = 1 / s \quad ; \quad s = a = 1 / P$$

Si on veut exprimer le module en fonction du pas diamétral, on divise l'unité par le pas diamétral et on multiplie le résultat par 25,4, valeur du pouce.

Le pas circulaire est :

$$P' = \pi D' / N = \pi N / NP = \pi / P$$

Le pas circulaire est égal au quotient de π par le pas diamétral. Réciproquement, le pas circulaire étant donné, le pas diamétral est le quotient de π pour le pas circulaire. Il faut, bien entendu, multiplier les résultats par 25,4.

L'épaisseur d'une dent est la moitié du pas circulaire :

$$t = (\tfrac{1}{2})\ (\pi / P) = (\tfrac{1}{2})\ (3{,}1416 / P) = 1{,}57 / P$$

L'épaisseur d'une dent au cercle primitif est égale à 1,57 divisé par le pas diamétral ; on multiplie le résultat par 25,4 pour avoir l'épaisseur en millimètres. Cette dimension représente aussi la largeur des vides.

Le diamètre primitif D' est donné par la formule :

$$D' = N / P$$

Il est donc le *quotient du nombre de dents par le pas diamétral* ; le résultat est multiplié par 25,4 pour avoir D' en millimètres. Le diamètre primitif d'une roue de 60 dents, 12 P, est :

$$60 / 12 = 5 \text{ pouces} = 5 \times 25{,}4 = 127 \text{ mm}$$

Le diamètre du cercle de couronne s'obtient en ajoutant 2 au nombre de dents et en divisant cette somme par P :

$$D = (N + 2) / P$$

La saillie de la dent, ou sa hauteur au-dessus du cercle primitif est égale au pas diamètre :

$$s = 1 / P$$

La hauteur comprise entre le cercle primitif et le cercle limite est encore :

$$s = 1 / P$$

Le jeu

$$f = t / 10 = (1{,}57 / P) \times (1/10) = 0{,}157 / P$$

La hauteur totale de la dent a pour valeur :

$$2s + f = (2 / P) + (0{,}157 / P) = 2{,}157 / P$$

La distance de centre à centre de deux roues engrenées est :

$$L = (D'/2) + (D'_1/2) = (D' + D'_1) / 2 = (N + N_1) / 2P$$

soit la moitié du quotient de la somme des dents par le pas diamétral. Un engrenage de 20 dents 4P actionne une roue de 50 dents ; la distance des centres a pour mesure :

$$\begin{aligned} L &= (1/2)((50+20) / 4) \\ &= 70 / 8 \\ &= 8''\ 3/4 \\ &= 8{,}75 \times 25{,}4 \\ &= 222{,}25 \text{ mm} \end{aligned}$$

Le tableau suivant fournit la série des pas diamétraux généralement utilisés dans l'industrie ainsi que la valeur des pas circonférentiels correspondants exprimés en millimètres.

PAS DIAMÈTRAL en pouces.	PAS CIRCULAIRE équivalent en millimètres.	PAS DIAMÈTRAL en pouces.	PAS CIRCULAIRE équivalent en millimètres.
2	39,9	5 1/2	14,51
2 1/4	35,46	6	13,3
2 1/2	31,52	7	11,4
2 3/4	29,02	8	9,97
3	26,6	9	8,86
3 1/4	24,55	10	7,98
3 1/2	22,8	11	7,25
3 3/4	21,28	12	6,65
4	19,95	13	6,14
4 1/2	17,73	14	5,70
5	15,96	15	5,32

Nous n'avons pas cru nécessaire de faire figurer dans le tableau précédent ainsi que dans les tableaux du n° 17 relatifs aux modules courants une colonne renseignant l'épaisseur des dents à côté de chaque module ou de chaque pas diamétral ; il suffit de diviser par 2 les nombres des colonnes *Pas circulaires équivalents* pour obtenir ces épaisseurs.

Nous attirons l'attention du lecteur sur la distinction qu'il y a à établir entre le pas diamètre ou module et le pas diamétral ; il doit prendre garde de ne pas les confondre l'un avec l'autre.

Chapitre IV

Des engrenages de 30 dents et plus en développante

20. — La plupart des aides-mémoires et des traités relatifs à la construction des éléments de machines établissent une théorie du tracé des roues dentées basée sur l'étude géométrique du roulement d'une circonférence sur une droite ou sur une autre circonférence ou encore sur l'enroulement d'une droite sur un cercle.

Poncelet, Tredgold, Reuleaux, Bach, Keller, Schütz, Stribeck et d'autres ont donné de précieuses indications à cet égard et la lecture de leurs ouvrages est intéressante à plus d'un titre pour le sujet qui nous concerne.

Ces savants sont les auteurs d'épures remarquables relatives au tracé des roues à dents fondues.

Dans la pratique courante des ateliers cependant, surtout en ce qui regarde la taille des engrenages, les tracés théoriques ne sont d'aucun usage.

Le profil des dents est constitué purement et simplement de un ou de plusieurs arcs de cercle se rapprochant, il est vrai, des formes théoriques, mais infiniment plus rapides à tracer.

Ce sont ces profils de la pratique que nous allons passer en revue.

21. Dents en développante

Nous appelons dents en développante des dents dont le profil est constitué par une courbe unique partant de la racine de la dent et aboutissant à sa tête.

Dans les roues de 30 dents et plus, cette courbe est un arc de cercle dont le rayon est égal au huitième du diamètre ou au quart du rayon primitif. Le pied des dents s'achève par un congé dont le rayon est égal au sixième de l'espace vide mesuré sur le cercle de couronne ; outre que ce congé donne plus de solidité à la racine des dents, toute fraise découpée suivant le profil ainsi obtenu a une durée plus grande que si elle se terminait par un angle vif. Les engrenages de moins de 30 dents sont pourvus du même congé mais le profil de leur denture est constitué de plusieurs arcs ; nous aurons l'occasion d'étudier leur tracé (voir chapitre VI).

22. Application

Nous donnons, comme application, à une échelle quelconque, l'épure d'un engrenage de 30 dents, module 6. Son diamètre primitif est :

$$D' = N \times a = 30 \times 6 = 180 \text{ mm}$$

Le pas circulaire a pour valeur :

$$P' = \pi \times a = 3{,}1416 \times 6 = 18{,}84 \text{ mm}$$

Traçons (fig. 4) le cercle primitif que nous divisons en un nombre de parties égales à la moitié du pas circulaire ou à l'épaisseur t des dents ; chacune d'elles vaut donc 9,42 mm ; cela revient à diviser la circonférence primitive en un nombre de parties égal au double du nombre de dents, dans le cas actuel à 60.

La dimension 9,4 mm servira de première indication pour la division de la demi-circonférence en 30 parties égales, division qui peut s'opérer par tâtonnements.

Par l'un des points de division, B par exemple, conduisons un diamètre primitif et, sur le rayon primitif, décrivons une demi-circonférence.

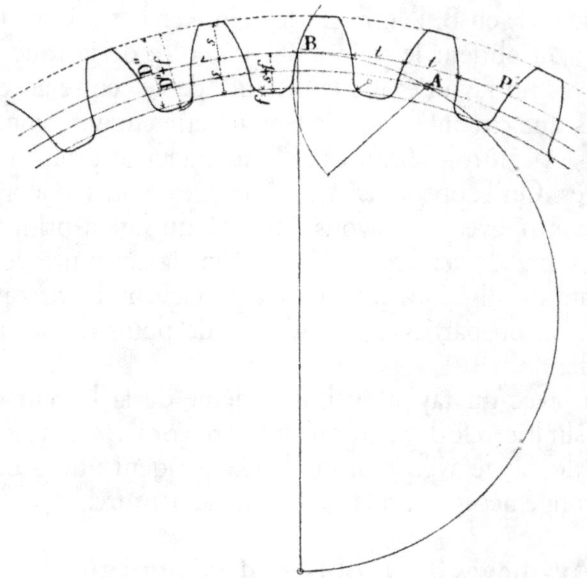

Fig. 4

Le diamètre de couronne a pour mesure :

D = a (N + 2) = 6 (30 + 2) = 6 x 32 = 192 mm

La hauteur de la dent comprise entre le cercle primitif et le cercle limite est :

s = *a* = 6 mm

L'épaisseur de la dent :

t = P' / 2 = 18,84 / 2 = 9,42 mm

Le jeu :

f = *t* / 10 = 9,42 / 10 = 0,94 mm

Dessinons, d'après ces données, le cercle de couronne, le cercle de racine et le cercle limite.

Divisons le rayon primitif en quatre parties égales et prenons l'une de ces parties entre les deux pointes d'un compas. L'une des pointes se pose en B, l'autre sur le demi-cercle tracé sur le rayon primitif ; on obtient le point A. Du centre de la roue comme centre, avec un rayon égal à la distance de ce centre au point A, décrivons une circonférence ; c'est sur cette circonférence que se trouvent les centres des arcs qui constituent le profil des dents successives. On l'appelle *cercle de base*. Des points analogues à A comme centre avec des rayons AB = ¼ du rayon primitif nous tirons des arcs de cercle qui déterminent la courbure des dents. Les points de division obtenus en partageant la circonférence primitive en 60 parties égales servent de point de départ pour chaque dent.

Enfin, avec un rayon égal au sixième de la largeur du vide mesurée sur le cercle de couronne, nous traçons des arcs raccordant le cercle de racine avec le profil de chaque dent ; nous obtenons ainsi le congé nécessaire à la solidité de la denture.

23. Avantages des profils en développante

Les engrenages dont les dents ont un profil en développante sont les seuls qui peuvent toujours engrener correctement dans le cas où la distance des axes de rotation viendrait à varier ; ils présentent donc la caractéristique de pouvoir être écartés légèrement l'un de l'autre sans cesser de bien fonctionner, ce qui constitue un très réel avantage dans la pratique du montage des machines.

24. Exercices

Nous conseillons aux personnes non encore familiarisées avec le tracé des roues dentées de dessiner des engrenages de nombres de dents et de modules divers en effectuant les petits calculs que comportent ces épures. Le mieux est de dessiner sur du carton et de découper aux ciseaux ou au canif le profil complet des dentures ; on peut ainsi juger, en fixant les centres des roues et en faisant tourner celles-ci, du degré de perfection auquel on est arrivé.

Chapitre V

Des crémaillères engrenant sur une roue de 30 dents et plus en développante

25. Crémaillère

Une crémaillère est un engrenage droit engrenant sur une roue dentée ; elle peut être considérée comme une roue à rayon infiniment grand. Si on fait croître progressivement le diamètre d'une circonférence, la forme de celle-ci se rapproche d'une ligne droite ; si le rayon devient infiniment grand, le cercle devient une droite.

La *ligne de division* ou *ligne primitive* d'une crémaillère est donc la droite tangente au cercle primitif de la roue dentée qui engrène sur elle. L'*épaisseur d'une dent* de crémaillère, l'*espace vide*, la *ligne de couronne* (correspondant à l'expression cercle de couronne d'une roue), la *ligne de racine* (cercle de racine dans une roue) et la *ligne limite* (cercle limite d'une roue) se déterminent de la même façon que les éléments correspondants d'un engrenage circulaire.

Nous désignons par l'expression générale *pas linéaire* la distance en millimètres, mesurée sur la ligne de division, entre les axes de deux dents successives ; c'est aussi la distance, évaluée sur la même ligne, de la joue d'une dent à la joue opposée de la dent suivante ; l'expression *pas circulaire* s'applique spécialement aux roues dentées. Les dénominations *module* ou *pas diamètre* et *pas diamétral* s'appliquent également à une crémaillère. Ainsi, une crémaillère 3P veut dire une crémaillère engrenant sur une roue dont le pas diamétral est 3 ; la crémaillère de module 3,75 est celle qui engrène sur les roues dont le pas diamètre est égal à 3,75.

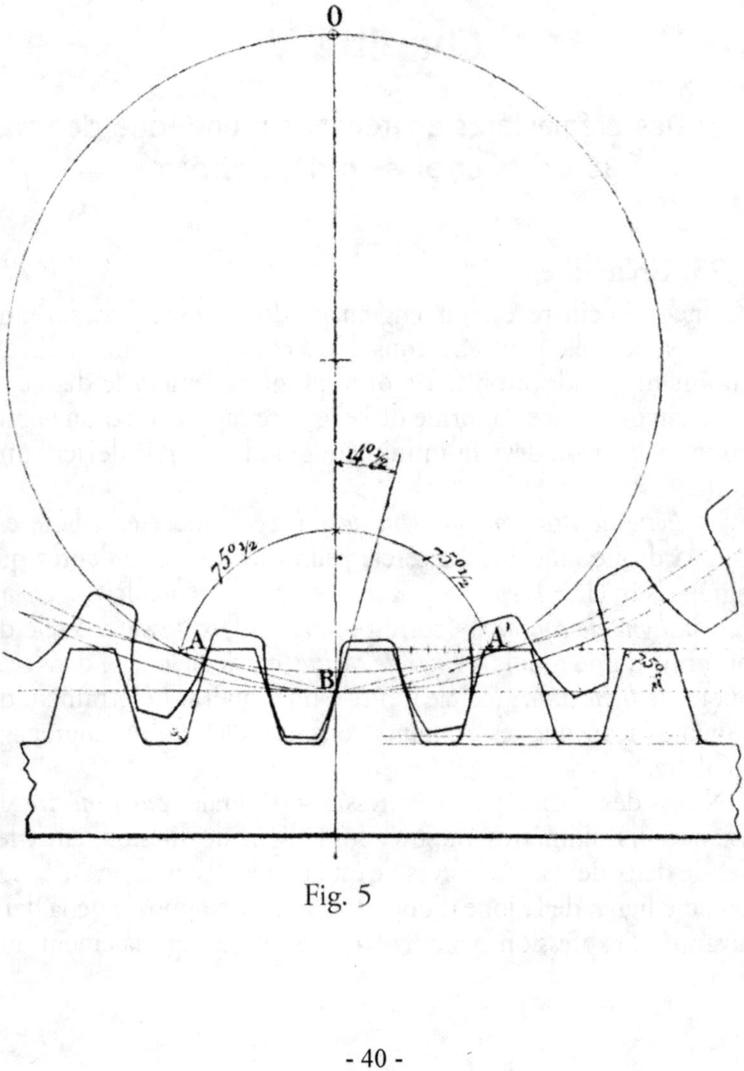

Fig. 5

26. Tracé de la crémaillère

Les engrenages de la figure 5 ont été tracés exactement d'après les procédés que nous avons exposés au chapitre précédent. Ici le rayon primitif de la roue qui engrène sur la crémaillère est perpendiculaire sur la ligne de division.

Nous avons tiré par le point B une demi-circonférence décrite sur ce rayon primitif. Nous avons porté sur ce cercle les distances BA et BA' égales au quart du rayon primitif ; ces droites déterminent chacune, avec le rayon BO, un angle de 75,5° ; on les appelle *lignes de pression*.

Traçons la ligne de division, la ligne de couronne, la ligne de racine et la ligne limite en tenant compte des proportions établies pour les roues ordinaires.

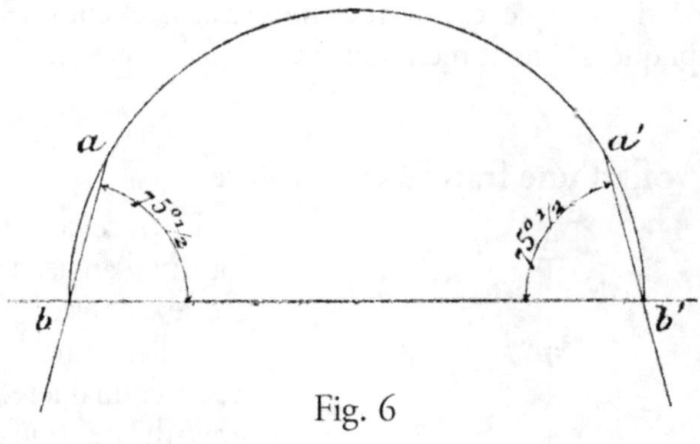

Fig. 6

Portons, sur la ligne primitive, un certain nombre de parties égales à la moitié du pas circonférentiel ou à l'épaisseur *t* des dents.

Par les points ainsi obtenus, conduisons des droites inclinées à 75,5° vers la ligne de division en alternant le sens de leur direction.

Le flanc gauche de chacune des dents situées à gauche de la normale BO est perpendiculaire sur la droite BA, car cette droite fait un angle de 75,5° avec BO ; le flanc droit de ces dents est normal à la droite BA'.

Raccordons la ligne de racine avec les flancs par des arcs de cercle de rayon égal au sixième de la largeur du vide à la ligne de couronne.

La figure 6 indique le procédé que l'on peut employer pour obfenir la direction des dents d'une crémaillère sans tracer la roue qui engrène sur elle. Sur la droite *bb'*, qui est la ligne de division, décrivons une demi-circonférence *ba a'b'* ; portons, sur cette circonférence, la distance *ba* égale au quart du diamètre et joignons *b* avec *a*. La droite *ba* fait un angle de 75,5° avec la ligne de division.

On peut la considérer comme un flanc de dent ; la même construction, répétée de l'autre côté, fournit la direction *b'a'* du second flanc.

Nous aurons l'occasion de montrer (Partie II, Fonctions trigonométriques) que les constructions effectuées comme il vient d'être expliqué donnent bien pour l'angle *b'ba* ou *bb'a'*, la valeur de 75,5° .

27. Profil d'une fraise à crémaillère

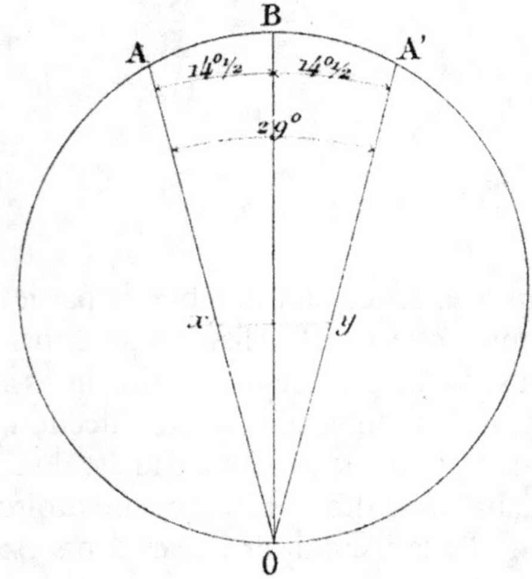

Fig. 7

Le tracé de la figure 7 fournit l'angle des faces d'une fraise destinée à tailler une denture de crémaillère. Sur une droite quelconque OB décrivons une circonférence OABA' ; portons, à partir du point B, les distances BA et BA' égales au quart du diamètre ; joignons O avec A et avec A'.

Les droites OA et OA' comprennent entre

elles un angle de 29° qui donne l'inclinaison des faces de la fraise ; celles-ci se raccordent par un pan coupé *xy* égal aux $^{31}/_{100}$ du pas linéaire ; les angles sont arrondis pour dégager les congés de la denture. Le pas linéaire d'une crémaillère étant 6,28 mm, la longueur *xy* est $^{31}/_{100}$ x 6,28 = 1,94 mm, soit très sensiblement 2 mm.

Les droites OA et OA' constituent bien les flancs de la fraise à crémaillère car si l'angle AOB vaut 14,5°, son complément, ou l'angle que forme la face OA de la fraise avec la ligne de division de la crémaillère ou avec la perpendiculaire au point O sur la droite OB, vaut 90° - 14,5° ou 75,5°, valeur adoptée pour l'inclinaison des flancs droits de la crémaillère. On verra (Partie II, Fonctions trigonométriques) que la construction effectuée pour obtenir l'angle AOA' donne bien à celui-ci une amplitude de 29°.

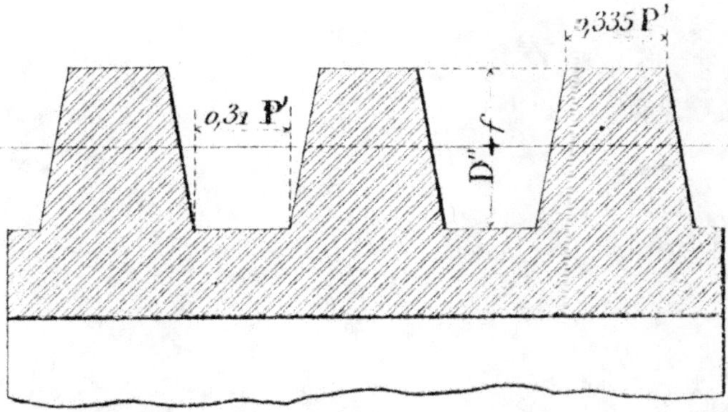

Fig. 8

28. Profil d'un outil à vis

La règle précédente s'applique au tracé de l'outil destiné à exécuter un pas de vis (fig. 8), mais les arrondis sont supprimés. La largeur du filet à la partie supérieure est égale aux $^{335}/_{100}$ du pas linéaire.

On sait que fileter sur un tour c'est creuser une rainure en hélice dans un cylindre. Le filetage donne naissance à une vis sans fin.

L'hélice est engendrée par un outil qui a la forme des vides de la figure 8 et qui se meut d'un mouvement uniforme suivant la génératrice d'un cylindre pendant que celui-ci est animé d'un mouvement uniforme autour de son axe.

Le mouvement de l'outil est assuré par une vis-mère qui actionne le chariot porte-outil.

Du rapport de vitesse entre la vis-mère et l'arbre porte-pièce dépend le pas de l'hélice.

Chapitre VI

Engrenages en développante de moins de 30 dents crémaillère correspondante

29. Crémaillère engrenant sur une roue de moins de 30 dents en développante

La figure 9 représente une crémaillère établie dans les conditions que nous avons exposées au chapitre V. La roue est construite par les procédés du chapitre IV. Seule la partie de chaque dent sous le cercle de base est obtenue d'une façon différente. Dans les engrenages de 12 et 13 dents les profils des têtes, qui sont des arcs, se prolongent vers l'intérieur de ce cercle par des droites parallèles, sur une distance qui ne peut dépasser le ⅓ du module ; pour les engrenages de 14, 15 et 16 dents, cette distance est inférieure au ⅙ du module ; dans les engrenages de plus de 20 dents, la partie droite n'existe plus.

La partie droite s'achève par un arc de cercle que l'on obtient en plaçant l'une des pointes du compas au centre *e* de la dent suivante, situé sur le cercle primitif et l'autre pointe au point *b*, extrémité de la partie droite ; on décrit l'arc jusqu'en *c* où il se raccorde avec le congé ; le rayon du congé est égal au ⅙ de la largeur du vide mesurée sur le cercle de couronne. Le flanc *b'c'* est décrit du centre *g*. Le profil au-dessus du cercle de base de la roue (fig. 9) a été dessiné d'après les procédés utilisés (fig. 8).

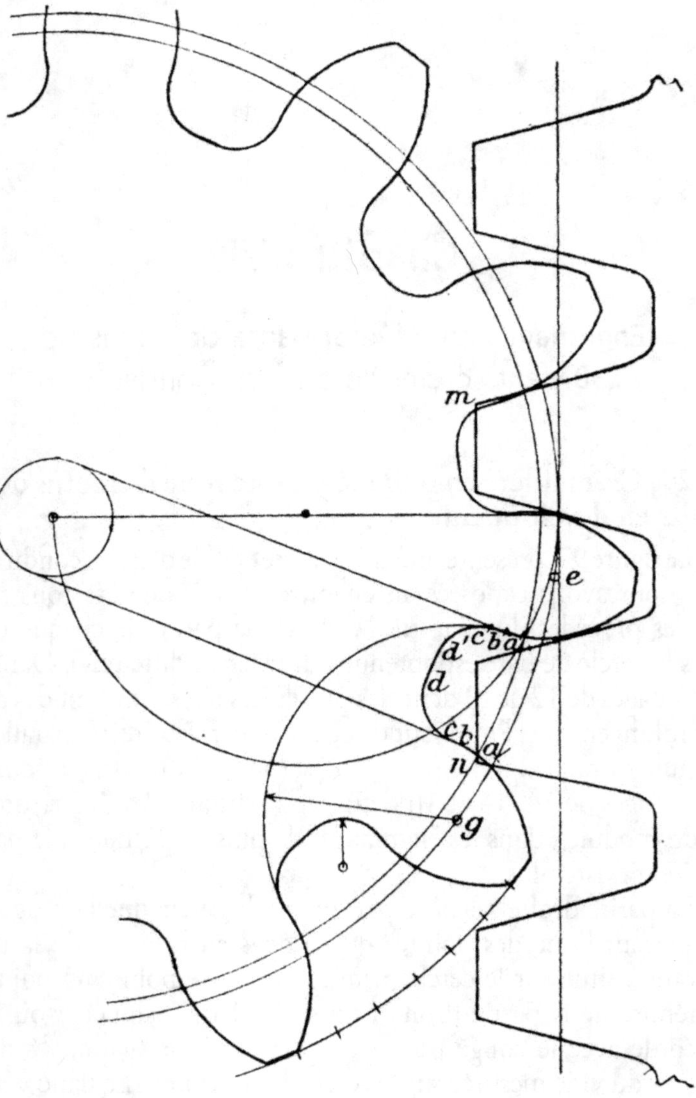

Fig. 9

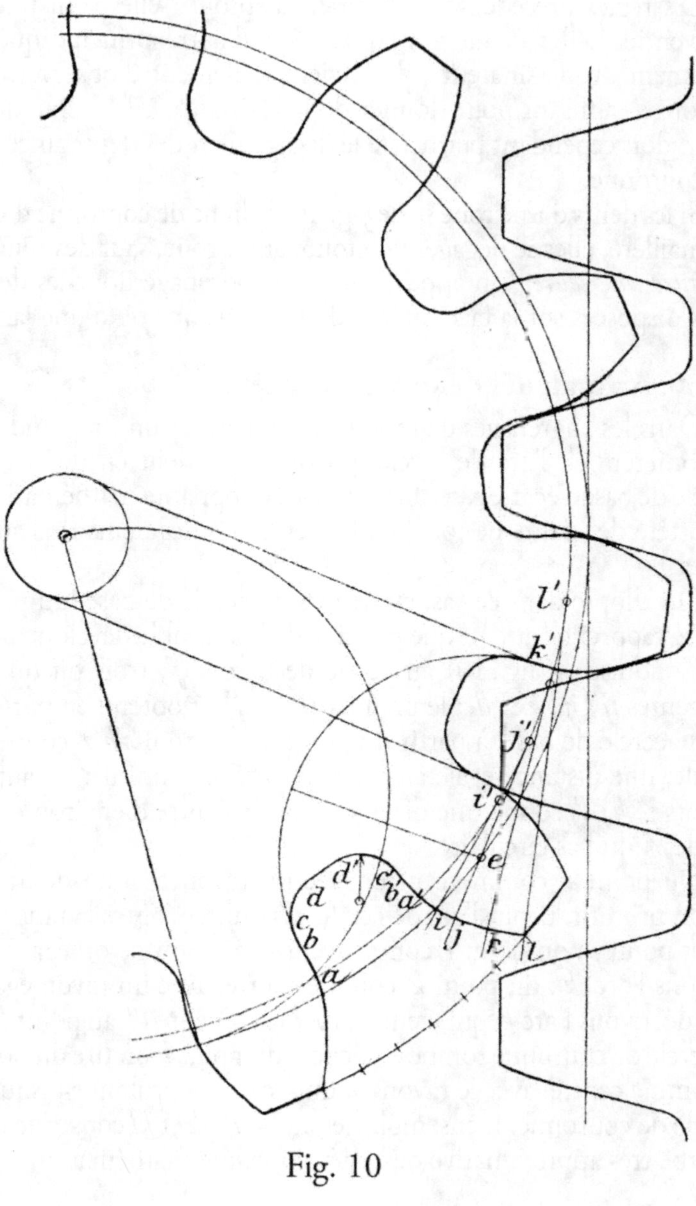

Fig. 10

Les règles précédentes n'ont rien d'absolu ; elles sont plutôt conventionnelles et ne sont basées sur d'autre principe que le jugement du dessinateur ; il convient seulement d'observer que le congé, suffisant pour donner de la résistance à la racine de la dent, doit cependant permettre le dégagement des dents au cercle de couronne.

Si les dents d'une roue se dégagent à la ligne de couronne d'une crémaillère, elles se dégagent de toute autre roue, sauf des roues à *denture intérieure*. On appelle ainsi un engrenage dont les dents sont disposées sur la face interne d'une couronne ou d'une jante.

30. Arrondi des dents vers leur tête

Dans les engrenages de moins de 30 dents ayant un grand pas circonférentiel, l'arc de cercle qui profile la dent en dehors du cercle de base s'écarte assez bien de la développante mathématique et la tête des dents ne touche plus les flancs des dents de l'autre roue.

On adopte dans ce cas, en dehors du cercle de base, un profil qui se rapproche autant que possible de la véritable développante.

Conduisons (fig. 10) au cercle de base *ai'j'*, trois ou quatre tangentes *ii'*, *jj'*, *kk'*, *ll'* ; le premier point *i'* est obtenu en portant sur le cercle de base, à partir du point où le profil *c'b'a'* coupe ce cercle, une distance égale au quart du rayon primitif ; les autres points *j'*, *k'*, *l'*, sont à une distance l'un de l'autre d'environ de ⅓ ou de ¼ du pas circulaire.

Du point *i'* comme centre, avec un rayon égal au quart du rayon primitif, tirons l'arc de cercle *a'ij* qui rencontre la tangente *j'j* au point *j* ; du point *j'* comme centre, avec un rayon égal à *j'i*, traçons l'arc *jk* ; du point *k'* comme centre, avec un rayon égal à *k'k*, décrivons l'arc *kl* qui vient couper la tangente *l'l* au point *l* ; si le cercle de couronne tombe en dehors du point *l*, on tire du point *l'* comme centre, avec le rayon *l'l*, un arc qui se prolonge jusqu'au cercle de couronne. L'ensemble des arcs *a'ij*, *jk* et *kl* constitue une courbe très approximative de la développante mathématique.

Celle- ci serait la courbe décrite par l'extrémité d'une droite qui serail enroulée sur le cercle de base *i'j'k'l'* et que l'on déroulerait au droit du point *a'*.

31 . Arrondi des dents d'une crémaillère vers leur tête

Observons que dans le dessin de la figure 9 l'extrémité des dents de la crémaillère vient buter contre les dents de la roue aux points *m* et *n* ; il convient, pour éviter ce coincement, d'arrondir la tête des dents de la crémaillère vers la ligne de couronne. Cet arrondi est également nécessaire dans les roues d'assortiment (voir n° 33) d'un grand nombre de dents, à profil en développante, lorsqu'elles doivent engrener sur des roues d'un petit nombre de dents. Le plus petit engrenage que l'on rencontre en pratique est celui de 12 dents.

Toutes les roues de même module engrènent entre elles ; mais les roues en dessous de 12 dents présentent un étranglement à la racine qui compromet leur solidité. Les engrenages de moins de 12 dents ne doivent donc pas être employés ; ceux de 12 dents sont possibles, mais leur emploi n'est pas avantageux. Au point de vue du roulement et de la résistance, il est convenable de ne pas descendre en dessous de 14 dents. Il est préférable d'employer 15 et 30 dents pour un rapport de vitesse du simple au double que 12 dents et 21.

32. Gabarits

Le meilleur procédé pour vérifier si des roues engrènent correctement et s'il y a lieu d'arrondir la tête de leurs dents, est de confectionner des patrons ou gabarits en carton ou en métal mince d'un petit nombre de dents. On découpe un gabarit pour l'engrènement des roues avec crémaillères et de roues entre elles. Le mieux est encore de fabriquer des fraises pour corriger ces gabarits. On réalise ainsi une collection de patrons corrigés relatifs à chaque module et, pour tout module, à des engrenages de tous nombres de dents. Il est inutile cependant d'affecter un gabarit spécial à chaque engrenage d'un nombre de dents déterminé. La forme des dents d'une roue varie peu du profil des dents d'un engrenage dont le nombre de dents est voisin du premier.

Ainsi :

Pour les engrenages de :

12 et 13 dents on pourra employer le gabarit relatif à		12 dents
14 à 16	—	14
17 à 20	—	17
21 à 25	—	21
26 à 34	—	26
35 à 54	—	35
55 à 134	—	55
135 à la crémaillère	—	135

Les gabarits des gros engrenages doivent être ajustés de façon qu'ils engrènent correctement sur des roues de 15 dents.

Chapitre VII

Des dents épicycloïdales

ENGRENAGES DE 15 DENTS — CRÉMAILLÈRE

33. Considérations générales

Dans une denture *épicycloïdale,* le profil change de direction à partir du cercle primitif. Tous les engrenages ont la partie du profil située en dehors du cercle primitif, ou tête des dents, convexe ; dans quelques roues, la racine des dents est aussi convexe ; dans d'autres, elle est droite ; dans d'autres enfin elle est concave.

On appelle série de roues ou assortiment les roues de même module ou de même pas diamétral interchangeables entre elles. Dans tout assortiment, il existe une roue dont les dents sont profilées en ligne droite sous le cercle primitif. Cette roue est considérée comme la base de l'assortiment du module assigné ; nous admettons comme base l'engrenage de 15 dents.

Toutes les roues de plus de 15 dents ont des dents à flancs concaves ; celles de moins de 15 dents ont des dents à flancs convexes.

34. Engrenage de 15 dents

Nous commençons donc l'étude des engrenages épicycloïdaux par la roue de 15 dents.

Traçons (fig. 11) le cercle primitif *ef*T*b* que nous divisons en trente parties égales ; chacune d'elles correspond à l'épaisseur *t* d'une dent.

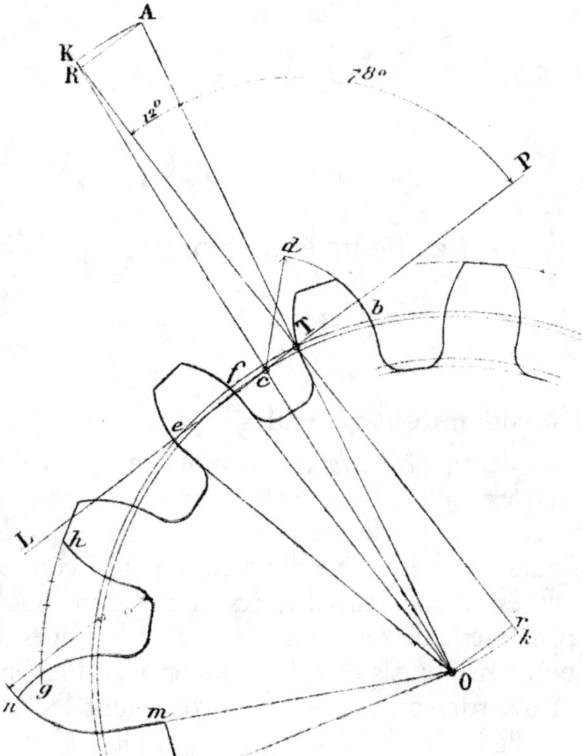

Fig. 11

Par le centre O et l'un des points de division T conduisons la droite OTA. Décrivons les cercles de couronne et de racine. Du point T comme centre avec un rayon égal au rayon du cercle primitif, traçons les arcs AK et O*k*. Marquons les épaisseurs AK et O*k* égales à l'épaisseur des dents et tirons la droite KT*k*. Sur KT*k*, au point T, élevons la perpendiculaire LTP, appelée *ligne de pression*. Des points O et A abaissons les normales O*r* et AR sur KT*k*. La ligne de pression LTP fait un angle de 78° avec le rayon OTA.

Joignons le centre O avec le pied R de la perpendiculaire AR ; cette droite OR coupe LTP au point *e*. Du point O comme centre, avec O*c*, décrivons une circonférence. C'est des divers points de cette circonférence que se tracent les arcs profilant la denture à l'extérieur ; le rayon *cd* de ces arcs est la distance *cb*. On tire les deux côtés de la dent et l'on achève le profil par les rayons O*f* et O*e*. Le flanc est donc radial mais la roue de 15 dents possède seule cette propriété.

Enfin, avec un rayon égal au ⅙ de la largeur du vide au cercle de couronne (⅙ *gh* par exemple), on décrit les congés.

Le procédé que nous venons d'indiquer est l'approximation très suffisante en pratique du tracé théorique d'une *denture épicycloïdale*. Le profil mathématique est celui qui serait obtenu par le mouvement du point de contact d'un cercle de rayon donné assujetti à rouler sans glissement sur un autre cercle.

Quel que soit le soin apporté à la confection des épures, il est préférable de vérifier si l'engrènement est correct en découpant des gabarits dans une mince feuille métallique.

On commence par découper les profils de façon qu'ils se joignent, aux points *n* et *q* ; on découpe ensuite les flancs radiaux jusqu'en *m* et *p*, assez profonds pour éviter la tête des dents quand il y a engrènement, puis on ajuste les extrémités lorsque les roues sont engrenées.

Quand les engrenages ont des dentures bien semblables, la distance de centre à centre étant la bonne et que les dents engrènent dans l'un et l'autre sens sans jeu ni coincement, on peut choisir l'un d'eux comme calibre. Ce calibre permet de vérifier les autres roues de même module. Tout engrenage ou toute crémaillère de même pas, engrenant correctement sur le calibre de 15 dents peut être considéré comme convenable.

Il est inutile d'ajuster toutes les dents du calibre ; cinq ou six suffisent.

35. Crémaillère

Etudions maintenant le cas d'une crémaillère engrenant sur une roue de 15 dents. Traçons (fig. 12) la ligne primitive sur laquelle nous portons un certain nombre de parties égales à l'épaisseur des dents.

Tirons les lignes de couronne et de racine.

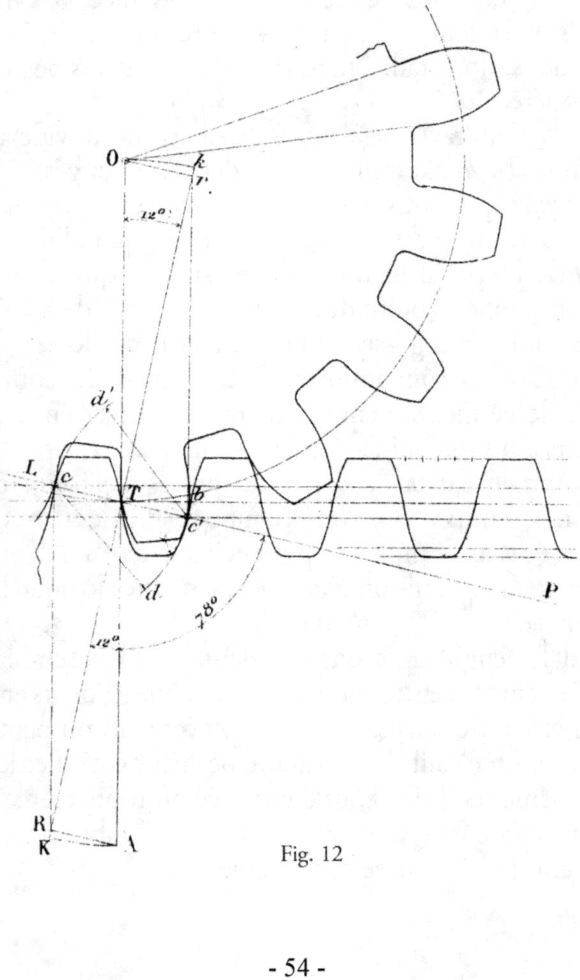

Fig. 12

A l'un des points de division, T par exemple, élevons la perpendiculaire OTA sur la ligne primitive. En T nous effectuons les constructions que nous avons faites au point correspondant de la figure 11.

Avec un rayon égal au rayon d'un cercle primitif d'une roue de 15 dents de même module, et du point T comme centre, décrivons les arcs O*k* et AK ; portons les distances O*k* et AK égales à l'épaisseur des dents et joignons K avec *k* par la droite KT*k*.

Abaissons ensuite O*r* et AR perpendiculaires sur KT*k*. Par R et *r* conduisons des parallèles à OA ; ces droites rencontrent la ligne de pression LP aux points *c* et *c'* par lesquels nous faisons passer des droites parallèles à la ligne primitive. C'est sur ces droites que se trouvent les centres des arcs délimitant la denture. Le rayon *c'd'* de la partie du profil au-dessus du cercle primitif est égal au rayon *cd* de l'arc sous le même cercle.

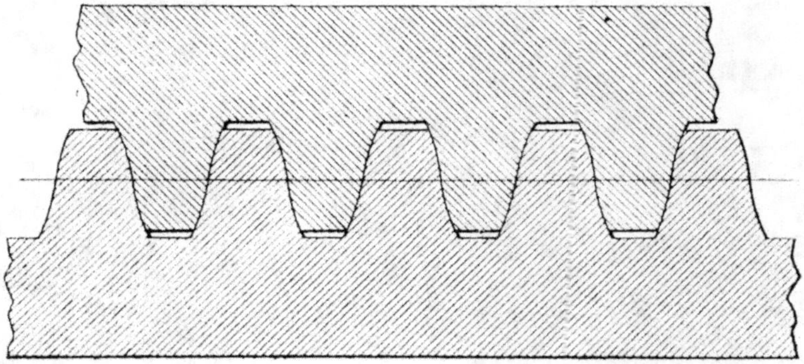

Fig. 13

C'est la distance *cb* du point *c* au point *b* appartenant à l'épaisseur de la dent à droite de la perpendiculaire OA.

Le rayon du congé à la racine des dents est égal au ⅙ de la largeur du vide à la ligne de couronne.

Ce congé peut être tracé au jugé mais dans aucun cas il ne doit donner lieu à un coincement de dents.

Des crémaillères de même module engrenant sur des roues d'assortiment doivent pouvoir s'emboîter convenablement l'une dans l'autre.

C'est ce que nous avons indiqué figure 13.

Dans la figure 12, outre la crémaillère, nous avons représenté quelques dents d'une roue de 15 dents engrenant sur elle.

Chapitre VIII

Engrenages épicycloïdaux de plus ou moins de 15 dents. Engrenages intérieurs

36. Engrenages épicycloïdaux de plus ou moins de 15 dents

Considérons deux engrenages, l'un de 12, l'autre de 24 dents (fig. 14) ; nous avons dessiné les lignes de construction de la roue de 24 dents en traits pleins ; celles de la roue de 12 dents sont en pointillé. Traçons les cercles primitifs et la ligne des centres AC ; décrivons les arcs AK et *ok* ; joignons KT*k* et abaissons les perpendiculaires AR et *or* ; menons enfin la ligne de pression LTP.

Roue de 21 dents. — Tirons C*r* ; cette droite coupe LTP au point *m*. Joignons aussi CR ; CR rencontre LTP au point *c*. Du point C comme centre, avec C*m* comme rayon, décrivons une circonférence. C'est sur cette circonférence que se trouvent les centres des arcs profilant le flanc des dents. Ces arcs ont comme rayon *mn* la distance *mv* du point *m* au point *v* appartenant à l'épaisseur de la dent de l'autre côté de la ligne des centres CC'.

Ce tracé s'applique à tout engrenage de plus de 15 dents.

Quant au profil de la tête, il est celui d'un engrenage de 15 dents (voir chapitre VII). Du point C comme centre, avec C*c* comme rayon, on trace une circonférence. C'est sur cette circonférence que se trouvent les centres des arcs dont les rayons sont égaux à *cb*.

Le congé à la racine a un rayon égal au ⅙ de la largeur du vide au cercle de couronne.

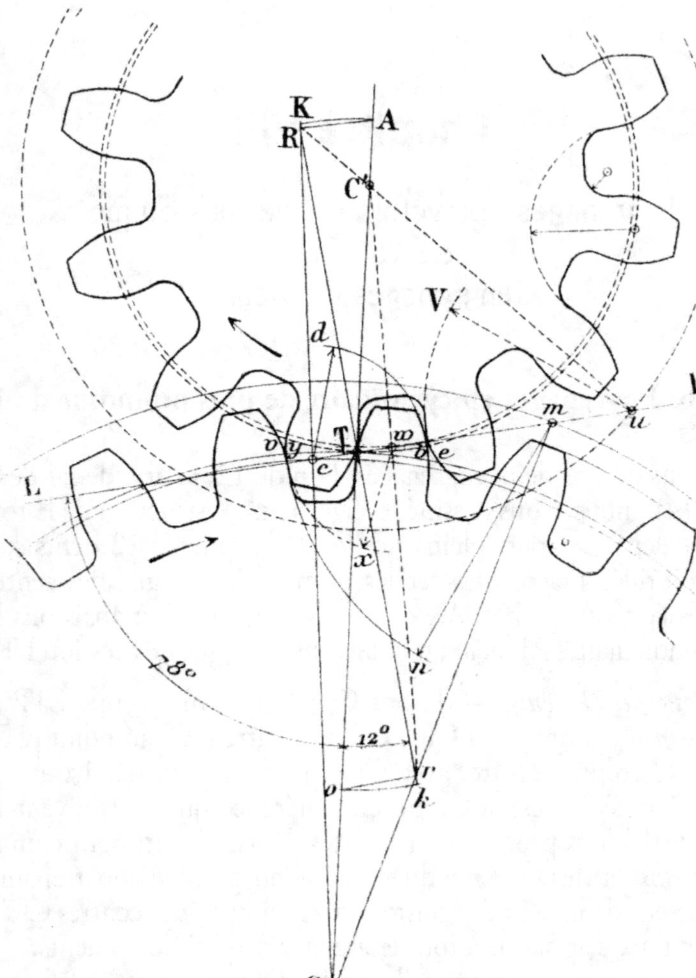

Fig. 14

Roues de 12, 13 et 14 dents. — La construction du flanc est la même que pour une roue de 24 dents. Joignons le centre C' au point R ; C'R coupe LTP au point *u*. Du point C' comme centre, avec un rayon égal à C'*u*, décrivons une circonférence sur laquelle se trouvent les centres des arcs délimitant les flancs ; leurs rayons *u*V sont égaux à *ue*, distance du point *u* au point *e* appartenant à l'épaisseur de la dent, *e* étant situé par rapport à CC' du même côté que le point *u*.

Ce tracé donne un profil de flanc convexe. L'arc est prolongé vers l'intérieur par un rayon, sur une longueur égale au ⅓ du module ; le fond du vide est similaire au vide de la roue étudiée chapitre VI.

Les têtes sont les mêmes que celles de l'engrenage de 15 dents (chapitre VII) et de l'engrenage de 24 dents : leur rayon *wx* = *wy*.

37. Engrenages intérieurs

Ce sont, comme nous avons vu, (chapitre VI, n° 29) des engrenages dont la denture est située à l'intérieur d'une couronne ou d'une jante.

Quand deux roues quelconques engrènent, on appelle *pignon* la plus petite des deux ; l'autre se nomme plus spécialement *engrenage.*

On a trouvé qu'un pignon engrenant sur une roue annulaire devait en différer d'au moins 15 dents. Un engrenage de 24 dents ne peut engrener correctement sur une roue intérieure de 36 dents, mais l'engrènement est convenable sur une roue de 39 dents et plus. Nous aurons cependant l'occasion de montrer, dans la seconde partie de cet ouvrage, qu'il est possible de tracer une roue annulaire engrenant avec un pignon différant de moins de 15 dents.

38. Angle de pression

L'angle de pression (voir Partie II, n° 103) varie constamment dans tous les engrenages, sauf dans les roues en développante ; il est égal, à un moment déterminé, à 78° dans les roues épicycloïdales ;

cette valeur est atteinte dans notre exemple quand le profil de la dent touche la ligne des centres ; le sens de la flèche indique la direction de la pression. Nous aurons l'occasion de revenir sur cette question.

39. Fraises pour engrenages épicycloïdaux

Une fraise ne convient évidemment, d'une façon mathématique, que pour tailler un engrenage de module et de nombre de dents déterminés ; mais en pratique, le profil varie si peu d'un nombre de dents aux précédents ou aux suivants immédiats qu'un jeu de 8 fraises par module suffit pour tailler toutes les roues en développante jusqu'à la crémaillère (voir n° 32). La variation est un peu plus rapide dans les engrenages épicycloïdaux ; ils nécessitent un jeu de 24 fraises.

La question des fraises a une importance considérable dans la taille des engrenages ; nous leur consacrons un chapitre spécial (voir n° 72).

Chapitre IX

Taille des engrenages droits

40. — Les avantages nombreux que présentent les engrenages taillés ont eu pour résultat leur adoption générale dans la construction des machines ; ils ont presque complètement remplacé les engrenages à denture moulée, même pour les usages vulgaires. Leur emploi est courant dans la construction des machines-outils, tours, foreuses, raboteuses ; dans celle des ponts roulants, grues, machines à vapeur, moteurs à gaz et à pétrole, tramways, dynamos ; dans les machines de l'industrie textile ; en automobile.

Il est bien peu d'ateliers qui ne les utilisent, sinon d'une manière exclusive, au moins partiellement.

D'importantes usines ont été créées dans le but unique de tailler toutes espèces de roues en fonte, acier coulé ou forgé, bronze, cuir vert, etc. Individuellement tous les ateliers de construction possèdent aujourd'hui quelques fraiseuses pour les besoins courants de leur industrie.

41. — Les engrenages sont taillés sur des machines spéciales appelées *machines à tailler les engrenages* et plus spécialement *fraiseuses*, car on utilise presque exclusivement la fraise à dépouille sur ces machines.

Le module et le nombre de dents étant assignés a priori, le diamètre extérieur de la roue à tailler s'obtient, comme on a vu, en effectuant le produit du module par le nombre de dents plus deux. Ce diamètre est toujours exprimé par un nombre entier de millimètres ou par une longueur facile à prendre exactement entre les branches du compas d'épaisseur ou du pied à coulisse. Les disques ou plateaux sont tournés à cette dimension et portés à la fraiseuse.

Notre but n'est pas de donner une description complète des machines à tailler couramment employées dans les bons ateliers de construction ; outre que cette étude nous entraînerait trop loin, elle ne présenterait pour nous qu'un intérêt purement descriptif.

Il nous a paru cependant utile de donner quelques explications générales de nature à compléter notre sujet.

Une fraiseuse à tailler se compose, en principe, d'un mandrin portant la fraise qui doit mordre dans le corps de la roue à tailler ; la fraise est animée d'un mouvement de rotation et son mandrin est établi sur un chariot possédant un mouvement d'avance plus ou moins lente et de recul rapide. La roue est maintenant sur une broche ; quand une dent est taillée, l'ouvrier tourne à la main un mécanisme diviseur composé d'engrenages et de vis sans fin en rapport avec le nombre de dents à tailler. Cet appareil fait tourner sur elle-même la broche porte-pièce et la fraise attaque une seconde dent. Souvent on peut donner à l'avance du chariot des vitesses différentes suivant la denture à tailler. Chaque machine possède un certain nombre de roues de rechange permettant de tailler tous les nombres de dents usuels.

La plupart des fraiseuses à engrenages utilisées aujourd'hui sont entièrement automatiques, c'est-à-dire que non seulement elles taillent une dent automatiquement, mais elles sont automatiques pour le passage d'une dent à la suivante sur le cercle complet. Souvent c'est le chariot porte-fraise qui, après avoir terminé sa course rétrograde, dégage un loquet qui permet le fonctionnement du mécanisme diviseur. Une fois la roue à tailler montée et centrée et le réglage effectué, la machine fonctionne sans intervention et exécute avec une certitude absolue les mouvements et déclanchements nécessaires pour le chariot porte-fraise ainsi que la division de la denture.

On rencontre cependant assez fréquemment des machines semi-automatiques où le fraisage de la denture se fait automatiquement, mais où le passage d'une dent à la suivante est provoqué à la main par un mécanisme diviseur.

Les fraiseuses sont souvent établies pour servir non seulement à la taille des engrenages droits, coniques et hélicoïdaux mais aussi pour effectuer des travaux ordinaires de fraisage, surfaçage, alésage, parachèvement, etc. On les appelle des machines à fraiser universelles. Telles sont, par exemple, les fraiseuses de la *Cincinnati Milling Machine C°*, de *Reinecker*, à Chemnitz-Gablenz et de *Brown et Scharpe*. Ces travaux divers s'effectuent par l'application d'appareils spéciaux, poupées, etc., sur la machine proprement dite. D'autres machines, et elles sont les plus nombreuses, servent uniquement à la taille des engrenages de formes diverses. Ce sont les machines universelles à tailler. D'autres enfin sont uniquement destinées à la taille soit des engrenages droits ou coniques ou hélicoïdaux : ce sont les machines simples à tailler. Les fraiseuses qui, sans tailler des engrenages, sont destinées à des travaux spéciaux, sont des fraiseuses simples.

Dans l'achat d'une machine à fraiser, on doit se préoccuper nécessairement du genre d'engrenages que l'on aura éventuellement à tailler, de leur grandeur et de la matière à travailler.

Il ne faut pas hésiter à s'adresser aux maisons de premier ordre, car la fraiseuse doit être établie dans des conditions toutes spéciales de résistance et de fini et la plus-value payée est toujours amortie en peu de temps par la précision du travail, la rapidité d'exécution et la durée de la machine.

MACHINES BROWN ET SCHARPE. — L'une des machines les mieux conçues et construites est la fraiseuse automatique de *Brown et Scharpe* à Providence. Les figures 29 et 30 en donnent une vue en élévation et une vue en plan. Certains modèles sont pour engrenages droits seulement, d'autres pour engrenages droits et coniques par approximation. Cette machine est automatique pour chaque dent et pour le passage d'une dent à la suivante ; l'ouvrier ayant bien centré la fraise et réglé la machine, n'a plus à se préoccuper de la taille qui se fait seule. La fraise peut prendre un certain nombre de vitesses et d'avances différentes par tour de fraise. Le mécanisme de division est particulièrement bien étudié.

Voici une description sommaire de la machine à tailler les engrenages droits. La commande de la fraise se fait par engrenages hélicoïdaux, mécanisme qui donne un entraînement d'une grande douceur ; la fraise est portée de chaque côté ; toute flexion de son arbre est donc impossible. Le support d'avant est démontable pour permettre le montage facile de la fraise ; il est ensuite bloqué solidement pendant le travail. La broche est réglable longitudinalement au moyen d'une vis et d'une crémaillère. Le mécanisme entier est renfermé dans une boîte d'accès facile pour le changement des engrenages d'avance. Le chariot de la fraise est commandé par une vis sans fin avec retour rapide. Le chariot de la pièce est réglable verticalement au moyen d'une vis pourvue d'une crapaudine à billes et actionnée par un volant. La division s'opère automatiquement au moyen d'une roue à vis sans fin et de sa roue que commande un harnais d'engrenages. La haute précision de la roue à vis sans fin et son grand diamètre par rapport à celui des roues à tailler assurent une division exacte. Un comparateur à aiguille pouvant amplifier six fois permet d'amener la fraise très rapidement dans l'axe de la roue à tailler.

Cette machine peut recevoir un appareil spécial pour tailler les engrenages intérieurement.

La fraiseuse universelle des mêmes constructeurs permet, outre la taille des alésoirs, des forêts, des fraises, etc., celle des engrenages droits, hélicoïdaux à droite ou à gauche et des engrenages coniques. Elle peut recevoir aussi un appareil pour tailler les crémaillères.

Nous n'insistons pas plus longtemps sur la description de ces fraiseuses, car la plupart des mécaniciens les connaissent pour les voir fonctionner journellement dans leurs ateliers. La maison Brown et Scharpe construit aussi des fraiseuses semi-automatiques.

MACHINES GOULD ET EBERHARDT A NEWARK. — Cette maison s'est créée aussi une spécialité des fraiseuses automatiques pour engrenages droits. Ses machines sont très simples et ont une grande exactitude. Tous les organes sont distribués symétriquement par rapport à l'axe d'avance de la fraise, dispositif qui assure la rigidité des machines. Le mécanisme diviseur est aussi bien étudié et évite toute erreur de division et toute attaque prématurée de la fraise. Gould et Eberhardt construisent en outre des fraiseuses pour les engrenages droits, coniques et les crémaillères.

MACHINES À FRAISER UNIVERSELLES DE LA CINCINNATI MILLINI MACHINE C°. — Les fraiseuses universelles de cette Société sont bien connues. La fraiseuse universelle avec courses longitudinale, transversale et verticale automatiques est l'un des meilleurs modèles. Elle se recommande par une grande précision d'exécution et une grande production. Elle est pourvue d'un changement de vitesse à 16 vitesses sans courroie ; le passage de l'une à l'autre s'effectue par le déplacement d'un levier ; l'ouvrier peut ainsi chercher rapidement la vitesse la mieux appropriée au travail. On peut la pourvoir d'une poupée spéciale à diviser et tailler les engrenages droits ou d'une poupée à diviser et tailler les engrenages droits et hélicoïdaux, d'un appareil fraiser les crémaillères, etc.

THE PRATT ET WHITNEY C° À HARTFORD, connue avec la maison REED pour les tours de précision, construit aussi de bonnes machines à tailler. Citons, de cette société, la machine à tailler les engrenages droits ou les roues à vis sans fin ou les deux ensemble.

Pour tailler les engrenages à vis sans fin, le pignon diviseur est débrayé et la commande de la fraise et celle de la roue sont mises en rapport par un train d'engrenages. Cette machine peut recevoir un appareil spécial pour tailler les engrenages intérieurement. Mentionnons aussi les machines des ATELIERS DE CONSTRUCTION D'OERLIKON, près Zurich, de J.-E. Reinecker à Chemnitz-Gablenz (voir l'une des machines de ce constructeur fig. 15) et de la SOCIÉTÉ L. LOEWE ET CIE, à Berlin.

Fig. 15

La SOCIÉTÉ FÉTU-DEFIZE à Liège construit une machine combinée pour diviser et fraiser les dents d'engrenages droits, à denture droite et inclinée, les engrenages coniques et les roues à vis sans fin. La machine n'est que par approximation pour les engrenages coniques dont les dents doivent être retouchées.

MACHINE BIERNATZKI. — La machine Biernatzki, à Hambourg, est basée sur un principe nouveau en ce qui concerne les engrenages droits. Elle permet de tailler les roues droites, hélicoïdales ou à vis sans fin d'un nombre quelconque de dents au moyen d'une fraise en spirale. Nous en avons donné une vue d'ensemble figure 16. Le profil du filet de la fraise spiralcoïde est celui de la dent de crémaillère du module à tailler. La denture se forme par le déroulement de l'engrenage avec cette crémaillère en forme de vis.

Comme pour un module donné, le profil de la dent de crémaillère est constant ; il s'ensuit qu'on peut tailler les roues de même module, quel que soit le nombre de dents, au moyen d'une seule fraise. Il suffit d'incliner l'axe de la fraise par rapport à l'axe de la roue d'une quantité convenable.

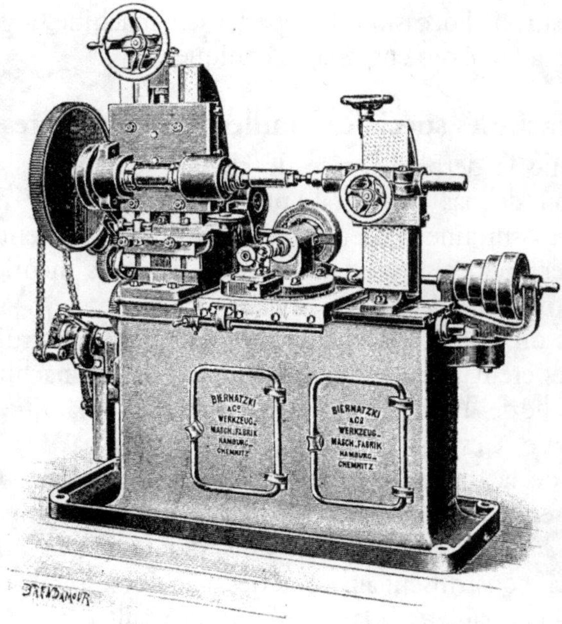

Fig. 16

MACHINE FELLOWS À MORTAISER LES ENGEENAGES. — Dans cette machine au lieu de tailler les engrenages à la fraise, on les mortaise avec un outil spécial produisant la forme théoriquement exacte de la dent. Pour un pas donné un seul outil est nécessaire, comme dans la machine Biernatzki. Cette mortaiseuse est généralement destinée à la taille des engrenages droits à denture extérieure ou intérieure. Elle permet de tailler des roues en laissant une très petite sortie à l'outil, ce qui peut parfois être très utile. Sa production est réellement avantageuse.

MACHINE DE LA GLEASON TOOLS C° à Rochester. — Cette Société construit une machine semi-automatique à tailler les engrenages droits et coniques par gabarits. Elle peut recevoir un appareil spécial pour la taille des engrenages en bois (modèles, engrenages à annelions, etc.) et une poupée pour la taille des engrenages intérieurs.

Nous aurons l'occasion de reparler des machines à gabarits à propos de la taille des engrenages coniques.

42. Machines spéciales à tailler les crémaillères

Quoique la dernière fraise de chaque jeu, qu'il s'agisse de module ou de pas diamétral, puisse convenir pour tailler les crémaillères sur une fraiseuse ordinaire, il est souvent d'usage d'employer une fraise spéciale formant les dents théoriquement à flancs droits.

Parfois on utilise des machines uniquement construites pour la taille des crémaillères. On peut citer, parmi les machines de ce modèle, celle de *Walcott* qui est entièrement automatique ou semi-automatique, c'est-à-dire que dans ce dernier cas l'embrayage, le retour de la fraise et la division se font à la main. On peut accoupler en même temps de une à dix fraises suivant le pas.

Gould et Eberhardt à Newark ainsi que la *Cincinnati Milling Machine C°* construisent aussi soit des machines, soit des appareils spéciaux à crémaillères. Dans la machine à tailler les crémaillères de *Pratt et Whitney,* l'avance de la fraise se fait à la main ou mécaniquement avec arrêt automatique réglable. La broche porte généralement deux fraises : l'une sert à défoncer, l'autre à finir.

Nous pourrions citer d'autres machines intéressantes à plus d'un titre, car l'emploi des fraiseuses se répand de plus en plus et leur construction est devenue une spécialité de premier ordre pour certains ateliers, mais comme nous l'avons indiqué au début de ce chapitre, notre but est tout autre que de faire une compilation. Nous aurons d'ailleurs l'occasion de revenir sur ce sujet à propos de la taille des engrenages coniques, à vis sans fin et hélicoïdaux

Chapitre X

Tracé des engrenages coniques

43. Définition

Deux engrenages coniques sont solidaires d'arbres qui, supposés prolongés, se rencontrent en un point. Leurs dents sont constituées de fragments de pyramides dont les sommets sont confondus avec le point de rencontre des axes. La figure 17 représente deux cônes dont les axes A et B se coupent au point O qui est le sommet commun des cônes.

Ceux-ci s'appellent *cônes primitifs* ou *cônes de division*, parce qu'ils constituent les deux surfaces de révolution qui, en roulant l'une sur l'autre sans glissement, correspondent aux cylindres

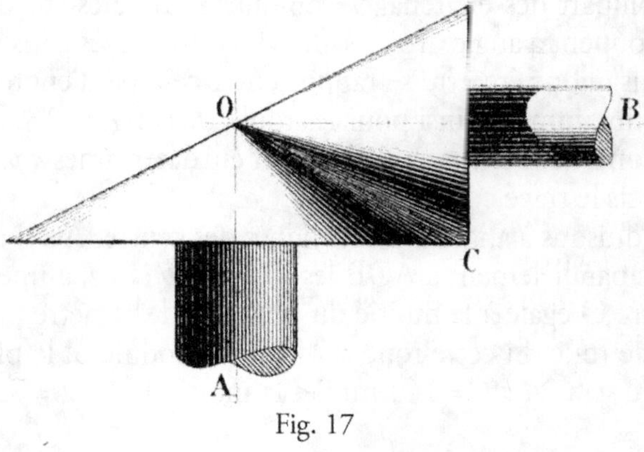

Fig. 17

primitifs de deux roues droites ; c'est sur ces cônes que s'opère la division des dents.

Si les dents étaient suffisamment prolongées, elles deviendraient infiniment minces vers le sommet O où leurs pointes s'évanouiraient. Un engrenage conique peut donc être considéré comme ayant son origine au sommet du cône ; il devient de plus en plus grand en s'éloignant de ce point ; les dents elles-mêmes s'élargissent.

Les pas circulaires et les cercles de division situés dans des plans perpendiculaires sur l'axe du cône sont en nombre infini. Il convient donc d'adopter conventionnellement un pas et un cercle primitif bien déterminés. Nous adoptons, comme pas circonférentiel, le plus grand pas et comme cercle primitif ou de division, le plus grand cercle ou le cercle de plus grand diamètre. Dans la figure 18 le cercle de division est celui qui a pour diamètre *bd*.

44. Engrenages coniques à angle droit

Dans cette figure nous avons représenté une coupe effectuée dans un train de trois engrenages coniques, la roue OB étant deux fois plus grande que les roues OC et OD. *La longueur d'une dent mn n'm'* est sa longueur comptée sur l'axe O*i* ; la partie intérieure *m'n'* s'appelle la face intérieure de la dent, la partie extérieure *m n* sa face extérieure.

La plupart des engrenages coniques sont calés sur des arbres qui se coupent à angle droit ; sauf avis contraire les considérations que nous allons émettre se rapportent à ce type d'engrenages ; il en sera notamment ainsi pour les roues de la figure 18.

Le nombre de dents et le pas ayant été déterminés *a priori* nous effectuons le tracé comme suit.

Conduisons à angle droit les lignes des centres AOB et COD ; menons parallèlement à AOB les droites *ab* et *cd*, à une distance du centre O égale à la moitié du plus grand diamètre primitif de la grande roue. Si cette roue a 24 dents module 6, le plus grand diamètre sera 24 x 6 = 144 mm et la moitié 144 / 2 = 72 mm.

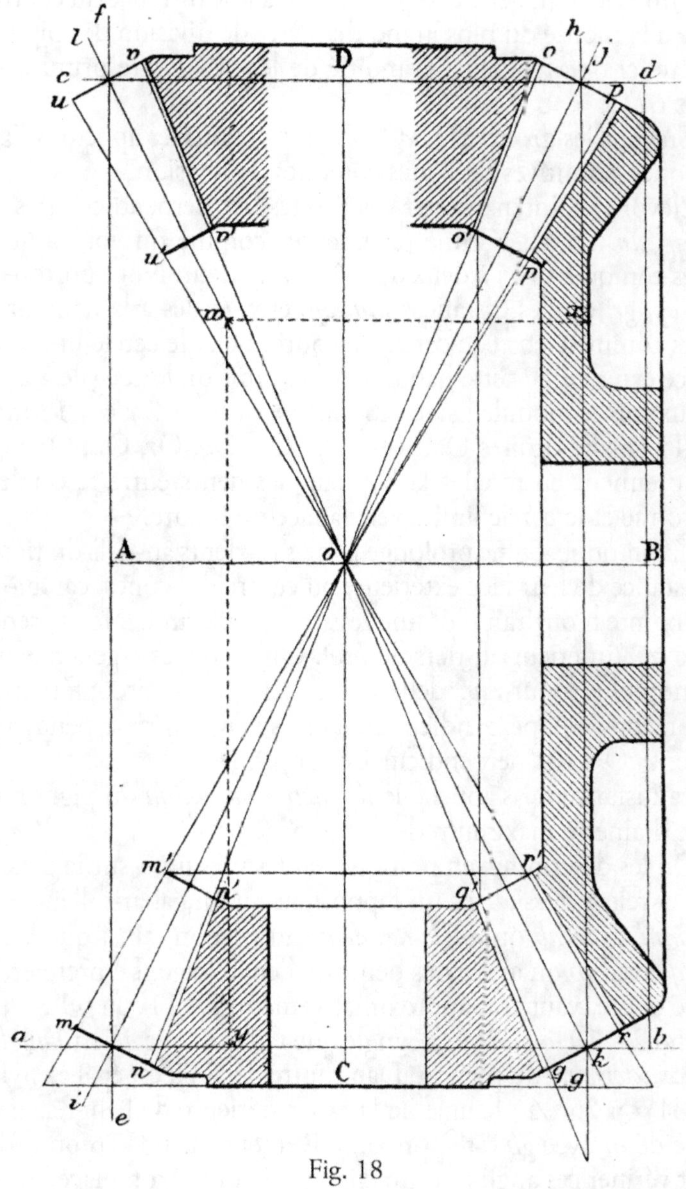

Fig. 18

Tirons les parallèles *ef* et *gh* à COD, à une distance du centre O égale à la moitié du plus grand diamètre de division des pignons. Si ceux-ci ont 12 dents, la moitié de leur diamètre primitif sera (12 x 6) / 2 = 36 mm.

Traçons les droites *i*O, *k*O, *j*O et *l*O ; nous les appelons lignes coniques primitives ou lignes coniques de division.

Élevons maintenant, sur ces droites, les perpendiculaires *mn, op, qr, uv*. Le diagramme peut servir, comme on voit, à quatre roues coniques deux à deux de même grandeur. Nous portons sur *mn, op, gr, uv* des distances *mn, op*, etc., égales à la hauteur des dents comprise entre le cercle de couronne et le cercle limite vers la face extérieure ; cette hauteur est, comme on sait, égale à 2 *a* ou à deux fois le module ; si le module a = 6, *mn* = 2 x 6 = 12 mm.

Tirons les droites O*m*, O*n*, O*p*, O*o*, O*q*, O*r*, O*u*, O*v* ; elles comprennent entre elles la hauteur des dents entre le cercle de couronne et le cercle limite vers la face extérieure.

En pratique, on ne prolonge jamais les dents au-delà du tiers de la distance de leur face extérieure au centre des cônes, car au-delà leur pointe n'offrirait plus une résistance suffisante. Nous prenons donc *mn'* inférieur au tiers de *m*O. On ne dépasse généralement pas non plus, pour *mm'* deux fois et demi le pas circonférentiel.

Traçons *mn'* perpendiculairement sur *i*O ; *q'r'* perpendiculairement *k*O ; *o'p'* perpendiculaire sur *j*O.

La distance *mr* s'appelle le *diamètre maximum* du pignon ; *qo* est le diamètre maximum de l'engrenage.

On les détermine, en pratique, en les mesurant sur le dessin.

On relève aussi, avec un rapporteur ou un gabarit, l'angle que fait *mm'* avec *ab* ou *angle des dents* du pignon, ainsi que l'angle de *qq'* avec *gh* ou angle des dents de l'engrenage. Le premier, sur notre épure, vaut très approximativement 59° 11' ou 59° ⅙ et le second 22° 19' ou 22° ⅓. L'angle que fait *mn* avec *ab* est *l'angle de la face extérieure* du pignon. Dans notre dessin il est égal à environ 26° 31' ou 26° ½ ; l'angle de la face extérieure de l'engrenage ou angle de *qr* avec *gh* est approximativement, de 63° 26 ou 63° ½. Pour vérifier ces angles sur un engrenage tourné, on place l'un des bras du rapporteur ou du gabarit sur la face postérieure plane de la roue, l'autre branche étant dirigée suivant la conicité.

On préfère parfois rapporter les angles à l'axe des roues, mais la vérification n'est pas aussi commode.

Quand les axes de deux engrenages coniques sont perpendiculaires, la somme des angles de la face extérieure du pignon et de l'engrenage est égale à 90° ; les sommes des angles de la face extérieure et de dents pour chaque roue sont égales.

Dans toutes les paires de roues coniques ayant un engrenage deux fois plus grand que le pignon et dont les axes sont normaux, l'angle de la face extérieure de l'engrenage est de 63° 26' ; celui du pignon est de 59° 11'.

On détermine les diamètres maximum en les mesurant sur l'épure ; on préfère parfois le procédé suivant.

Portons sur *kl* une longueur *kw* égale à 10 fois la hauteur $2a = 2s = D''$; abaissons *wx* perpendiculaire sur *gh* ; ajoutons la dixième partie de cette normale à la longueur du diamètre primitif extérieur ; le résultat est le diamètre maximum. Si nous additionnons la dixième partie de *wy* au diamètre primitif du pignon, nous obtenons son diamètre maximum.

La longueur ajoutée au diamètre primitif, pour avoir le diamètre maximum, s'appelle le *surdiamètre*.

Nous aurons l'occasion, dans la seconde partie de cet ouvrage, d'exprimer les divers éléments d'un engrenage conique en fonction des lignes trigonométriques (voir Partie II, Chapitre III).

45. Axes non perpendiculaires

On peut utiliser une construction à peu près semblable à celle que nous venons d'exposer pour le tracé des engrenages coniques dont les axes ne sont pas normaux.

Soient deux roues dont les axes OB et OD forment entre eux un angle aigu BOD (fig. 19). Conduisons parallèlement à OB et à une distance égale au rayon primitif de l'engrenage, les droites *ab* et *cd* ; parallèlement à OD et à une distance égale au rayon

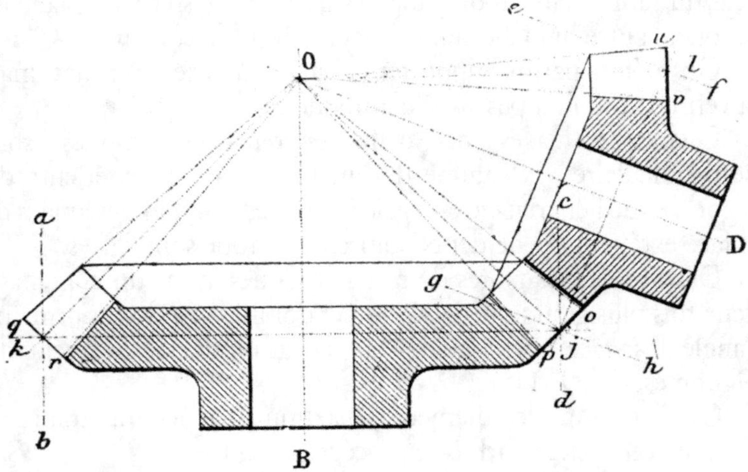

Fig. 19

primitif du pignon, tirons les droites *ef* et *gh*. Les droites *cd* et *gh* se coupent au point *j*. Abaissons de ce point, sur l'axe OB, la perpendiculaire *jk* ; la longueur kj de cette perpendiculaire, comprise entre ah et cd, est le diamètre primitif de l'engrenage.

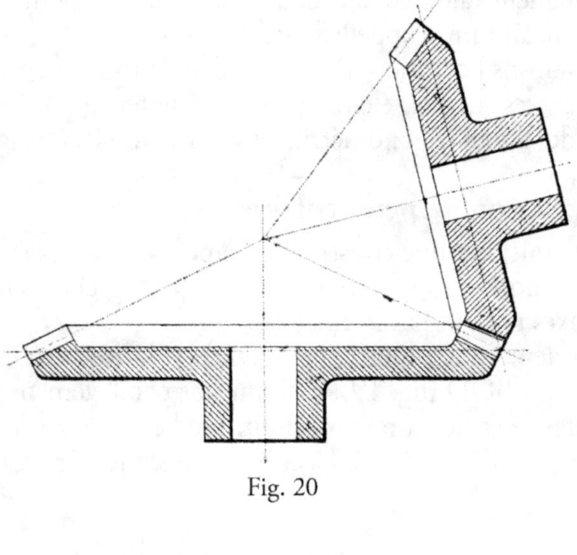

Fig. 20

Abaissons maintenant du point *j* la perpendiculaire *jl* sur OD ; la longueur *jl* de cette perpendiculaire, comprise entre les parallèles *gh* et *ef*, est le diamètre primitif du pignon. Joignons les points *k, j* et *l* au sommet O des cônes ; les droites O*k*, O*j* et O*l* sont les lignes de division coniques.

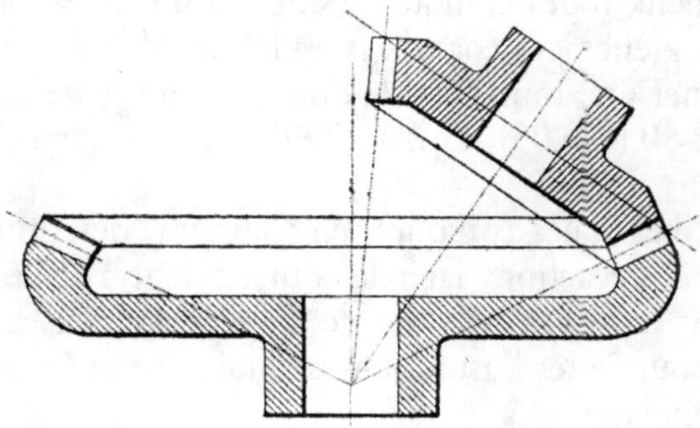

Fig. 21

Sur ces droites et aux points *l, j* et *k* élevons les normales *uv, po* et *qr* sur lesquelles nous portons des longueurs égales à la hauteur 2*a* de la dent comprise entre le cercle de couronne et le cercle limite. Nous achevons ensuite l'épure comme celle de deux engrenages à angle droit.

On peul utiliser le même tracé pour des engrenages d'angle qui se présentent sous la forme des figures 20 et 21.

46. — Il faut, autant que possible, en pratique, n'adopter que des roues coniques à 90° ; on peut les exécuter avec la même fraise ; si on opère par modèles et si les angles diffèrent de 90°, les modèles à angles aigus ou obtus ne pourront probablement servir qu'une fois.

Si des roues coniques doivent être d'assortiment, il convient, non seulement que leurs pas soient égaux, mais aussi que la génératrice commune depuis le sommet du cône ait la même longueur pour toutes les roues, condition qui est rarement remplie. Les roues coniques de mêmes pas et de mêmes profils de denture ne possèdent donc généralement pas la propriété d'interchangeabilité.

En pratique, on considère cependant comme admissible l'engrènement des roues dont la longueur de la ligne de contact ne dépasse pas 5 %. De telles roues s'appellent *roues bâtardes*.

Soient deux roues coniques à angle droit de 80 et 45 dents ayant un engrènement correct. Avec la roue de 45 dents on peut faire engrener une roue bâtarde dont le nombre de dents est 80 (1+0,05) et 80 (1-0,05), c'est-à-dire de 84 et 76 dents.

47. — Les roues coniques, en tournant, déterminent l'une sur l'autre des réactions latérales qui tendent à les écarter. On doit prévoir dans l'installation de ce genre de roues une butée suffisante pour éviter l'usure. On emploie souvent des paliers de butée à cannelures ou à billes.

Chapitre XI

Engrenages coniques (suite)
Forme et taille des dents

48. Cônes complémentaires

Pour obtenir la forme des dents d'un engrenage droit on trace le cercle primitif, le profil de la dent est distribué dans le plan de ce cercle, partie au-dessus, partie en dessous de la circonférence.

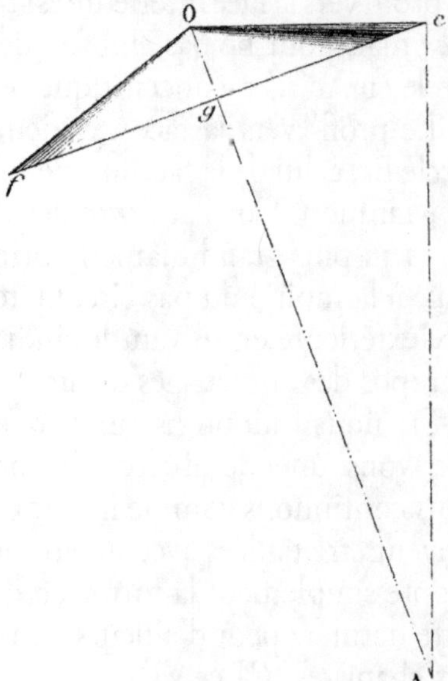

Fig. 22

Pour le tracé des dents d'engrenage conique on ne peut plus utiliser le cercle primitif, car le profil d'une dent ne roule plus dans le plan de ce cercle mais sur le cercle primitif. Soit (fig. 22) *fOc* le cône primitif d'une roue d'angle tournant autour de l'axe OA ; le diamètre primitif est la longueur *fc*, le rayon primitif, la droite *gc* ; mais le rayon de courbure de la surface conique sur laquelle roule le profil de la dent est la droite *c*A perpendiculaire sur O*c* ; le profil de la dent roule donc en réalité dans la surface d'un cône droit qui a pour sommet le point A et pour base le cercle primitif *fc*. Ce cône s'appelle *cône complémentaire*.

Nous traçons donc une circonférence de rayon *c*A sur laquelle nous développons le profil de la dent. C'est ce que nous avons fait en *cnm* sur la figure 23.

49. Tracé des dents

Soit (fig. 23) un engrenage conique de 21 dents engrenant sur un pignon de 18 dents, les axes étant à angle droit. Tirons les lignes des centres AO et BO, puis les droites *gh* et *cd* ; achevons les deux corps de roues comme nous avons indiqué au chapitre précédent.

Prolongeons *o'p'* jusqu'en A' et B' et *op* jusqu'en A et B. Décrivons, du point A comme centre, avec le rayon A*c* un arc de cercle *cnm* sur lequel nous dessinons le profil vers la face extérieure. Le profil vers la face intérieure est tracé sur la circonférence de rayon A'*c'*, mais pour ne pas embrouiller la figure nous transportons ce cercle en A*c''n'm'* concentriquement avec le premier.

Le profil vers la face extérieure du pignon est dessiné sur le cercle B*c*, celui de la face intérieure sur la circonférence B*c'''* = B'*c'*.

Marquons, sur l'arc *cnm* des distances égales à l'épaisseur des dents au plus grand diamètre primitif ; l'épaisseur d'une dent est égale à la moitié du pas circonférentiel. Achevons le profil vers la face extérieure en suivant les indications que nous avons étudiées à propos des engrenages droits.

Si nous adoptons une denture en développante, nous décrivons une demi-circonférence sur A*c* comme diamètre et nous continuons comme il a été décrit au chapitre IV. Si les roues doivent être taillées avec une fraise ordinaire à profil constant, on adopte simplement la forme en développante et non la cycloïde ; cette dernière peut d'ailleurs être dessinée comme il a été indiqué aux chapitres VII et VIII.

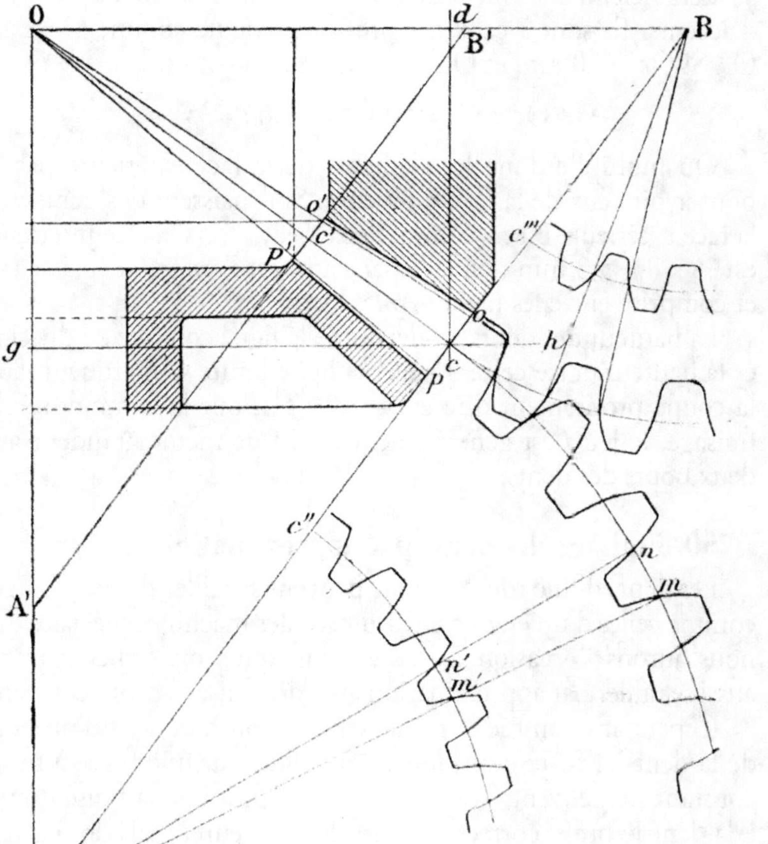

Fig. 23

Le profil vers la face extérieure de l'engrenage étant terminé, on opère sur le cercle B*c* pour dessiner le profil vers la face extérieure du pignon.

Occupons-nous maintenant des profils vers les faces intérieures.

Leurs éléments sont désignés par les mêmes lettres pourvues d'accents. Ils sont à ceux des profils extérieurs comme O*c*' est à O*c*. Si O*c*' = 50 mm et O*c* = 76 mm nous avons :

O*c*' / O*c* = 50 / 76 = 0,66 = ⅔

On multiplie donc les éléments de la face extérieure par ⅔ pour avoir ceux de la face intérieure. Si l'épaisseur des dents vers la face extérieure est *t* = 8 mm, l'épaisseur *t'* vers la face intérieure est ⅔ x 8 = 5,3 mm ; ou si l'épaisseur *t* est l'arc *mn*, l'épaisseur *t'* et comprise entre les rayons A*m* et A*n*.

La hauteur des dents au-dessus de la ligne conique de division et la hauteur entre cette ligne et la ligne limite se marquent dans la coupe proprement dite en *o'c'* et *c'p'*. Pour la commodité du fraisage, le jeu *f* est généralement choisi de même grandeur aux deux bouts des dents.

50. Fraisage des dents par approximation

Les dents d'une roue conique peuvent se tailler théoriquement comme celles d'un engrenage droit sur des machines spéciales que nous aurons l'occasion d'étudier plus loin ; mais elles peuvent aussi se tailler par approximation avec des fraises à profil constant.

Cependant comme la forme change constamment d'un bout de la dent à l'autre bout, les roues taillées par une fraise à profil constant ne peuvent être théoriques ; le profil de la fraise donne à la dent le profil correct vers la face extérieure, mais donne vers la face intérieure un profil forcément trop ouvert. Un grand nombre de roues coniques sont cependant taillées ainsi, excepté lorsque le pas est très fort et le nombre de dents très petit, car alors l'engrènement laisse trop à désirer.

Il nous a paru intéressant de nous étendre assez longuement, sur la taille par approximation, car beaucoup d'ateliers sont pourvus de machines pouvant tailler les engrenages coniques de cette manière en même temps que les engrenages droits mathématiquement.

Nous choisirons comme exemple celui d'une roue de 12 et d'une roue de 24 dents (fig. 24). Dessinons leurs lignes principales en nous souvenant que la longueur EF ne peut dépasser le tiers de la distance O*c* ou cinq fois l'épaisseur de la dent au grand cercle primitif.

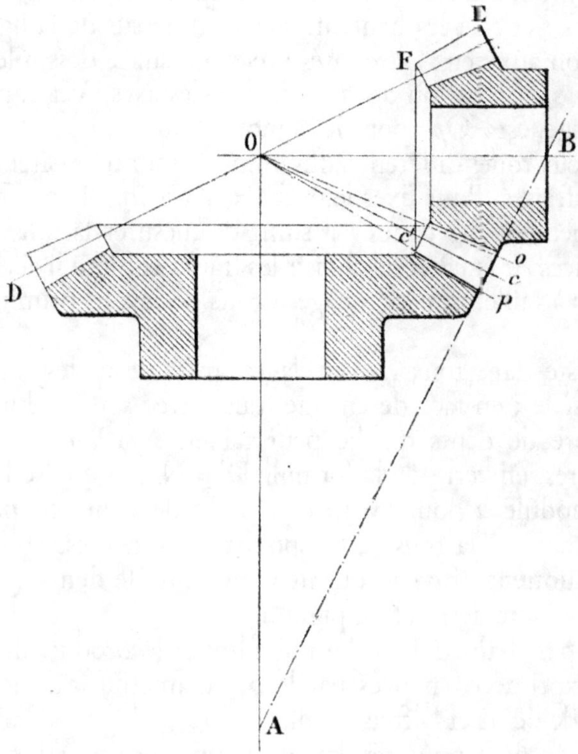

Fig. 24

Outre le motif que nous avons indiqué au chapitre X n°44, observons que la denture d'une roue conique change de module d'une extrémité à l'autre et que la fraise ayant été profilée pour la face extérieure, n'est plus correcte pour la face intérieure ; en limitant la longueur au tiers du rayon O*c* nous évitons que la variation de profil ne soit trop considérable.

Donnons-nous le module à la face extérieure, et déterminons celui de la face intérieure ; calculons la hauteur totale des dents aux deux bouts ; ce sont les expressions D" + *f* (pour la face extérieure) et D"' + *f* (pour la face intérieure) ; les modules nous donnent les épaisseurs *t* et *t'* et les hauteurs *s* et *s'* au-dessus de la ligne cône de division aux deux extrémités ; relevons sur le dessin les angles de la ligne d'opération de la fraise avec les axes ; cet angle, pour l'engrenage, est AO*p* ; pour le pignon, BO*o*.

Les deux roues diffèrent suffisamment pour nécessiter l'emploi de deux fraises. Pour fixer leur choix, il est inutile d'effectuer le développement des cônes ; il suffit de mesurer la longueur des génératrices A*c* et *c*B et de choisir les fraises comme si elles étaient destinées à tailler des engrenages droits de rayons primitifs A*c* et *c*B.

Il existe dans tous les outillages un tableau des fraises que l'on possède ; en face de chaque fraise, avec son module, figure le nombre de dents qu'elle peut tailler. Ayant mesuré A*c* en millimètres, en vertu de la formule D' = N*a*, on divise D' = 2A*c* par le module *a* pour avoir le nombre de dents et, par suite, dans le tableau, la fraise correspondante. On mesure de même B*c* ; le quotient 2B*c* / *a* fournit le nombre de dents et la fraise correspondante destinée au pignon.

Si le pas diamétral est l'unité admise, le produit du double de A*c*, exprimé en pouces par le pas diamétral fournit aussi le nombre de dents et la fraise voulue.

Ce procédé a pour résultat de permettre une taille correcte de la face extérieure des dents mais le vide a la même largeur aux deux bouts ; de plus, comme la fraise attaque la roue au petit diamètre de celle-ci et que cette attaque débute sur le grand diamètre de la fraise, là où son profil a un grand rayon de courbure, il faut arrondir à la lime les petits bouts des dents qui ont été insuffisamment profilés par la fraise. Figure 25 on peut observer que les dents L devront être ultérieurement arrondies au petit bout pour avoir la forme définitive des dents M.

Le vide déterminé par la première passe ou défoncé par la fraise a la même largeur aux deux faces; les dents coniques de la seconde roue doivent pouvoir engrener les vides de la première ; il est donc nécessaire d'élargir ces vides vers la face extérieure. Pour obtenir ce résultat on ne peut employer une fraise plus large que la première, car la fraise pénétrant sur la roue par la face intérieure ne peut être plus épaisse que le vide vers cette face.

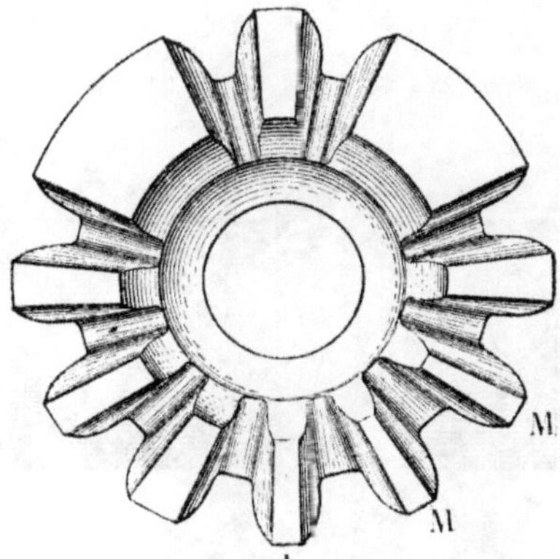

Fig. 25

Après avoir défoncé toutes les dents, on doit donc procéder à un second travail qui consiste à élargir les vides vers la face extérieure.

On effectue ce travail, la roue étant fixe, en déplaçant la fraise de façon que son plan de symétrie ne passe plus par le plan vertical qui renferme l'axe de la roue. Nous avons représenté, figure 26, une fraise excentrée de cette façon par rapport au centre de la roue et, figure 27, nous avons dessiné une épure qui montre l'effet obtenu ; *c* est l'axe de la fraise dont les joues *a* et *b* sont à égale distance de *c* ; la fraise a défoncé la dent dans l'axe O*c* de la roue ; le vide présente la forme comprise entre les parallèles *a* et *b*. Déplaçons la fraise excentriquement par rapport à la roue ; ses faces viennent en *a'* et *b'*: elle enlève toute la matière comprise entre les plans *a* et *a'* autant vers une face que vers l'autre. Si maintenant, la fraise étant excentrée, nous faisons tourner la roue légèrement autour de son axe qui occupera la position O*c'*, les faces primitivement taillées viendront en *a"* et *b"* ; la fraise étant en *a'b'* enlèvera toute la matière comprise entre les plans *b''* et *b'* et nous voyons qu'elle enlève beaucoup plus vers la face extérieure que vers la face intérieure. Le déplacement de la roue autour de son axe doit être suffisamment faible pour que la fraise n'enlève rien vers la face intérieure.

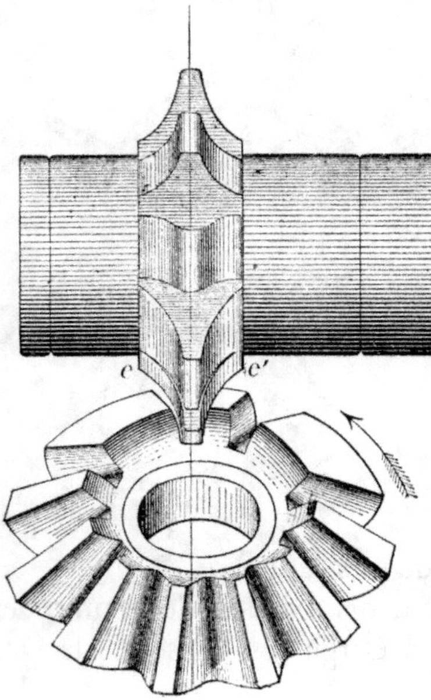

Fig. 26

Le vide formé est compris entre les plans *b'* et *b''*; il n'y a qu'un côté du vide vers la face extérieure qui soit élargi ; pour élargir l'autre côté on déplace la roue vers la gauche de son axe O*c*. Ce mouvement est représenté (fig. 26).

L'opération de la taille d'un engrenage conique par ce procédé comprend donc plusieurs phases : 1° défoncer les dents sur tout le pourtour de la roue, la fraise étant dans le plan vertical qui renferme l'axe de l'engrenage ; 2° traiter chaque dent séparément : excentrer la fraise parallèlement à elle-même et faire tourner la roue dans un sens puis dans l'autre.

Chaque dent nécessite par ce procédé trois passes. On ajuste ensuite à la lime.

L'excentrage de la fraise et l'écartement de la roue autour de son axe, outre qu'ils élargissent les vides vers la face extérieure, ont pour résultat d'amincir les dents vers leur tête ; chaque dent est plutôt mince à la tête et plutôt épaisse à la racine. On s'en rend compte en examinant ce qui se passe si l'on applique le procédé de travail qui vient d'être décrit à une roue droite.

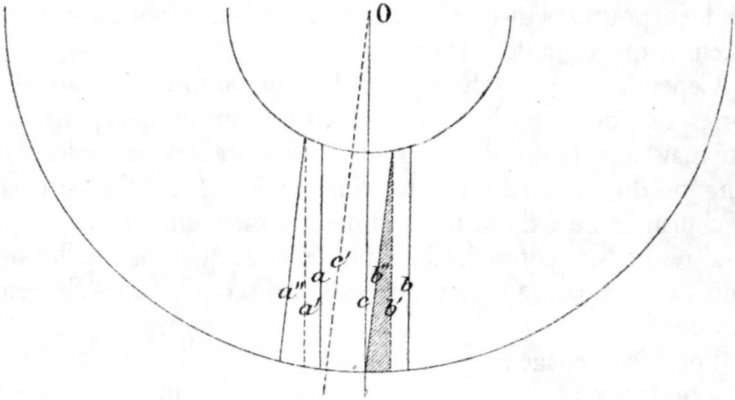

Fig. 27

La fraise (fig. 28), déplacée parallèlement à elle-même, a ses faces parallèles avec sa position primitive, mais la dent, en tournant autour de l'axe de la roue, vient engager sur la fraise une portion plus considérable de sa tête que de sa racine. Le même effet se produit, mais avec moins d'intensité, dans une roue conique ; cette tendance est d'autant plus grande que l'angle BO*o* (fig. 24) d'opération de la fraise est plus petit ou que la roue conique se rapproche plus d'une roue droite. En effet, plus l'angle BO*o* est petit, plus l'arc dont la roue doit tourner sur son axe pour l'élargissement du vide vers la face extérieure doit être grand, l'inclinaison du cône étant moins forte. L'incorrection de la dent peut devenir telle, en dessous d'un certain angle BO*o* qu'en pratique, on fixe à 30°, qu'il devient nécessaire d'employer une fraise

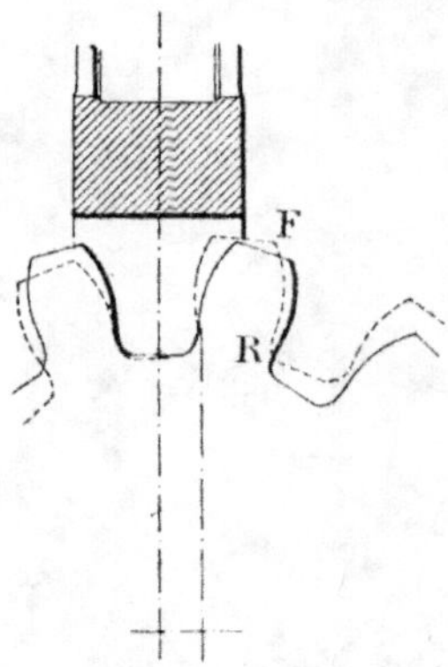

Fig. 28

autre que celle qui correspond aux rayons A*c* et *c*B. Cette fraise doit avoir une base *cc'* plus étroite (fig. 26). Si le calcul du rayon *c*B a indiqué l'utilisation d'une fraise n° 8-13 dents, le n° 6-17 à

20 dents pourra peut-être mieux convenir, son profil étant moins accentué que celui de la fraise n° 8.

Cependant, on préfère généralement adopter la fraise qui correspond au rayon B*c* ; elle donne une dent moins épaisse à la tête mais aussi moins d'ajustage. Si le nombre de dents calculé en fonction du rayon *c*B a une fraction supérieure à 0,5 il convient de choisir la fraise du numéro immédiatement supérieur.

Il résulte des considérations précédentes que pour tailler une paire de roues coniques il est nécessaire de connaître les éléments suivants :

Pour l'engrenage :

a ou P ; N ; D'' + *f* ; *t* ; *s* ; D''' + *f* ; *t'* ; *s'* ; l'angle d'action de la fraise.

Pour le pignon : N et l'angle d'action.

Chapitre XII

Machines à tailler les engrenages coniques

51. Machines par approximation

La figure 29 représente une vue de côté de la machine universelle à tailler les engrenages construite par la maison Brown et Scharpe. Cette machine permet de tailler les roues droites et les roues coniques par approximation. Nous en avons donné une description sommaire au chapitre IX.

La machine Brown et Scharpe est entièrement automatique, c'est-à-dire qu'elle taille les dents automatiquement et que le passage d'une dent à la suivante se fait automatiquement. Seul le réglage pour les secondes passes dans les engrenages d'angle se fait à la main.

Le corps de la roue-cône à tailler, préalablement tourné aux dimensions convenables, est fixé sur la broche B ; la fraise C est portée par le tiroir D qui peut coulisser parallèlement au chariot E. Le chariot est incliné sous l'angle de fraisage nécessaire.

Les angles sont gradués sur le secteur F. La figure 30 est une vue en plan de la machine ; nous y avons supposé le chariot horizontal afin de ne cacher aucun détail utile à connaître.

Au début du travail la fraise est amenée dans l'axe de la roue fixée sur la broche B, le cadran est à zéro. Le chariot E est incliné sous l'angle convenable ; cet angle est, par exemple, de 59°10';

le secteur est divisé en demi-degrés, les 10' sont estimées comme valant un ⅙ de degré. Les épaisseurs de dent vers la face extérieure et vers la face intérieure sont données par des calibres (fig. 31) ou

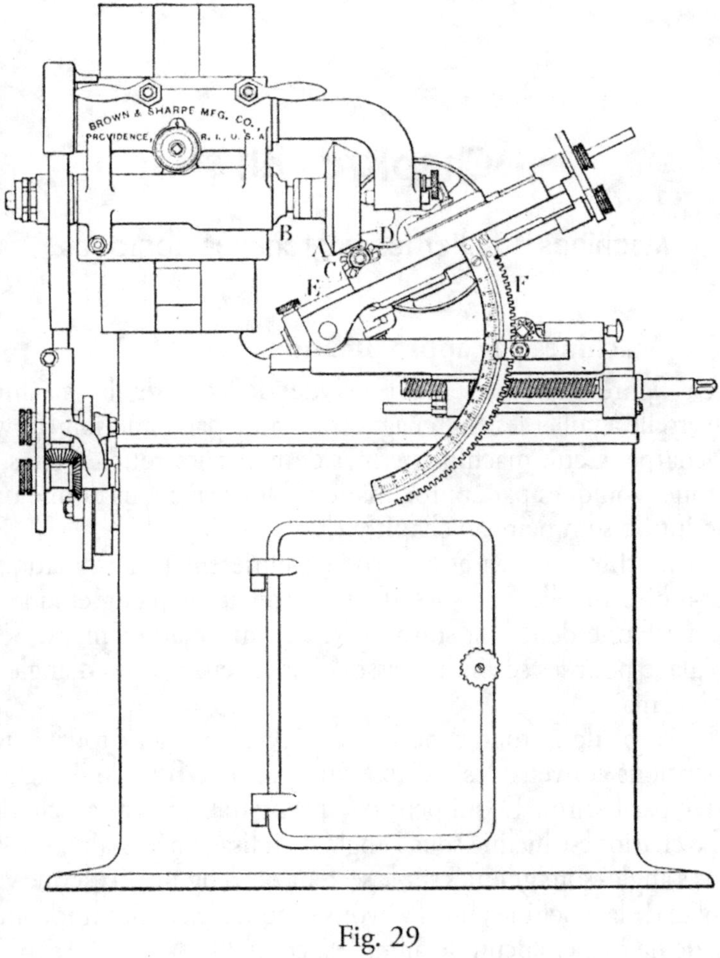

Fig. 29

on les vérifie avec un pied à vernier (fig. 32). Le tourneur a tracé aux distances indiquées par un calibre (fig. 33) un trait circulaire de chaque côté du corps de roue. L'un de ces traits représente

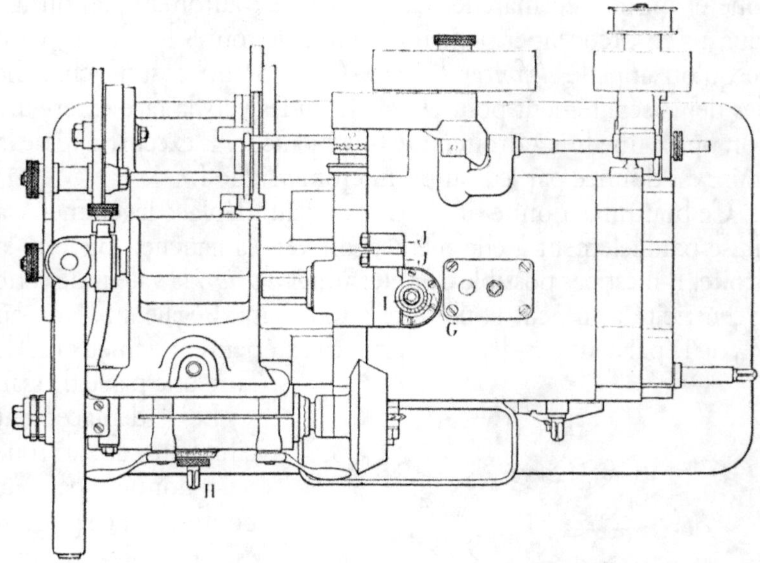

Fig. 30

l'endroit exact où la fraise doit pénétrer sur la roue, l'autre l'endroit par où elle doit sortir. L'angle d'inclinaison convenable ayant été donné au chariot, on vérifie si la fraise pénètre bien sur la roue à l'endroit voulu et si elle la quitte au bon endroit de l'autre côté. On s'assure que la fraise est bien dans le centre de la

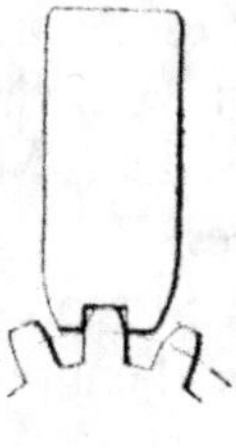

Fig. 31

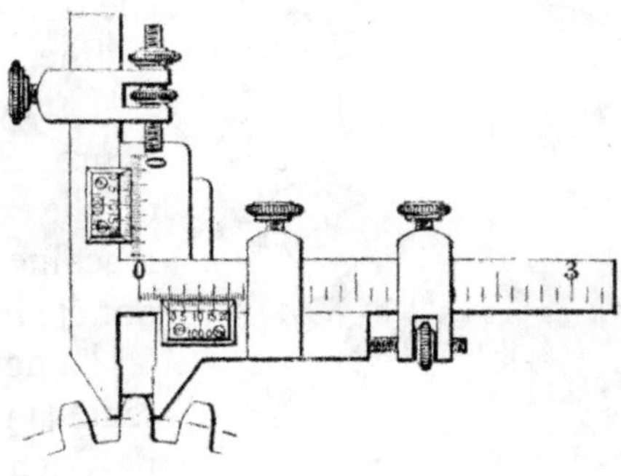

Fig. 32

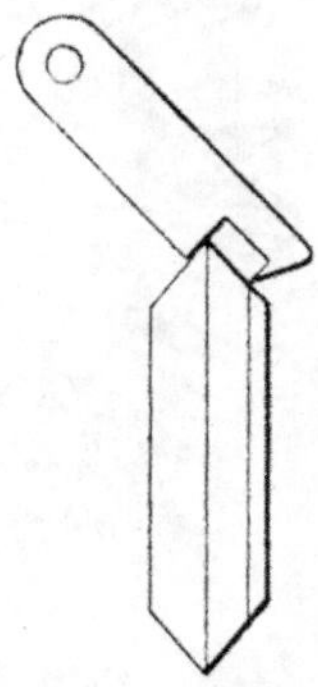

Fig. 33

roue et on met en marche. La machine est automatique, on n'a plus à s'en préoccuper pendant la taille de toutes les dents ; c'est ce qu'on appelle *défoncer la roue*. On reprend ensuite chacune des dents séparément pour élargir les vides vers la face extérieure ; on opère une fois à droite, une fois à gauche. L'excentricité de la fraise est donnée par le bouton micrométrique I.

Ce bouton actionne un mécanisme qui déplace légèrement la fraise parallèlement à elle-même, soit vers la gauche, soit vers la droite. Il n'est pas possible de déterminer *a priori* la valeur de cette excentricité ; on peut la prendre à tout hasard égale au 1/8 ou au 1/10 de l'épaisseur des dents vers la face extérieure. Le mieux est de faire une passe d'essai.

Le déplacement circulaire de la roue est donné par le bouton H ; ce bouton est monté sur une graduation.

Nous n'insistons pas sur les autres détails de la machine. La roue terminée ne présente pas toujours un aspect convenable ; elle doit être ajustée à la lime.

La dent L de la figure 25 est telle qu'elle sort de la machine ; les dents M ont été limées.

La figure 34 représente la paire d'engrenages terminés.

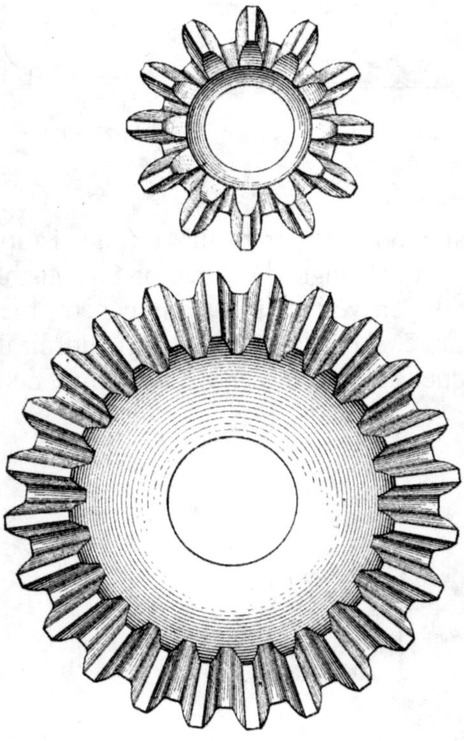

Fig. 34

Machine par approximation Gould et Eberhardt. — Cette machine outre qu'elle peut tailler les engrenages coniques par approximation peut aussi fraiser les engrenages droits et les crémaillères. Dans ses grandes lignes elle ressemble à la fraiseuse pour engrenages droits, des mêmes constructeurs, que nous avons décrite n°41. Elle en diffère principalement par la présence d'un chariot sur lequel repose un plateau pouvant être incliné sous tout angle de 0 à 90° autour d'une charnière horizontale qui le relie au chariot.

Le réglage de l'inclinaison de ce plateau d'après l'angle du pignon conique à tailler et son blocage sont effectués au moyen de deux secteurs dentés. Une table intermédiaire, montée sur ce plateau, peut se déplacer latéralement autour d'un pivot normal au plateau ; le déplacement se fait suivant un arc gradué. La table reçoit le chariot porte-fraise et donne à ce dernier l'orientation nécessaire pour obtenir l'évasement de la denture des engrenages coniques ou l'inclinaison exacte des dents d'une roue à vis à tailler.

La Cincinnati Milling Machine C° et la société Fétu-Defize construisent aussi, comme nous avons vu, une machine à tailler les roues coniques par approximation.

52. Second procédé pour élargir les vides vers la face extérieure.

Au lieu d'excentrer la fraise par rapport à la roue on pourrait faire osciller la broche qui porte la roue ou le chariot qui porte la fraise, de manière à ramener la fraise sous un certain angle par rapport à la tête des dents préalablement défoncées.

La machine basée sur ce principe présente de réels avantages dans les ateliers qui ont de grandes quantités de mêmes roues à tailler ; elle ne paraît pas aussi pratique que la machine Brown si l'on n'a que de petits nombres d'engrenages à fraiser. L'oscillation du chariot ou de la broche fait perdre le centrage de la fraise par rapport à la roue ; on doit le rétablir en se guidant sur les vides préalablement défoncés.

53. Troisième procédé

Il consiste à défoncer la roue avec une fraise convenant aux vides extérieurs ; les dents sont amincies vers la face intérieure avec une autre fraise. Ce procédé exige une certaine adresse ; il est un peu lent mais avec de l'habitude, il fournit des roues taillées avec une grande précision.

54. Quatrième procédé

La roue est défoncée avec une fraise correspondant au profil vers la face intérieure.

La face extérieure est fraisée plus profondément que la hauteur normale. Ce procédé, plus rapide que les précédents, manque d'exacitude. Il est avantageux là où l'on a de grandes quantités d'engrenages à tailler et quand les dents sont très courtes par rapport à leur distance au sommet du cône ; mais il exige une certaine expérience dans le choix des fraises.

55. Machines à raboter les engrenages d'angle

Au lieu de fraiser les roues coniques, on peut les raboter à l'aide d'un crochet sur une machine à mouvement alternatif ; c'est pourquoi l'on dit que les engrenages taillés par cette machine sont rabotés.

L'une des machines conçues dans cet ordre d'idées est celle de la *Gleason Tool C°* de Rochester qui taille les dents automatiquement pour chaque dent et pour le passage d'une dent à la suivante sur le cercle complet. La figure 35 représente l'une de ces machines. La *poupée* sur laquelle se monte l'engrenage à tailler est mobile sur le banc et lorsque la pièce à tailler est en place, la poupée est réglée et bloquée en position, de sorte que le sommet du cône de la roue à tailler coïncide exactement avec le centre d'oscillation du chariot porte-outil. Ce dernier est monté sur une glissière animée de deux mouvements : l'un vertical, l'autre horizontal. Ces deux mouvements sont combinés de façon que les génératrices engendrées par l'outil dans sa course passent toujours par le centre d'oscillation au sommet du cône de la roue. Le mouvement horizontal autour du centre d'oscillation est automatique ; sa course est réglable suivant la hauteur de la dent à tailler.

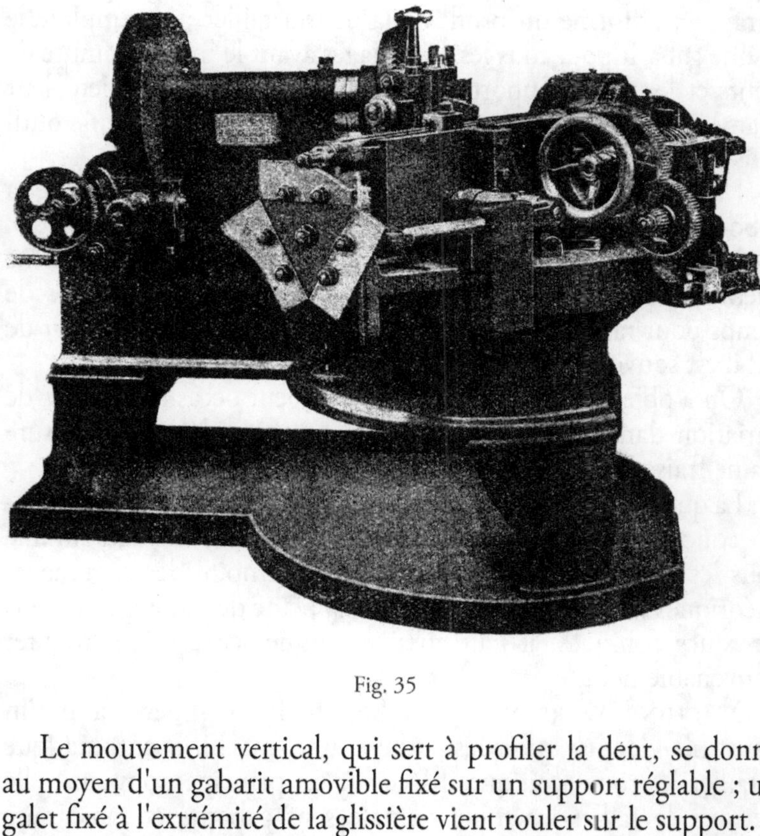

Fig. 35

Le mouvement vertical, qui sert à profiler la dent, se donne au moyen d'un gabarit amovible fixé sur un support réglable ; un galet fixé à l'extrémité de la glissière vient rouler sur le support.

Le gabarit prend généralement trois formes, l'une rectiligne pour le défonçage et deux curvilignes en développante correspondant au profil des côtés des dents. Il existe une série de 21 jeux de gabarits comprenant tous les angles susceptibles d'être taillés sur la machine.

Une machine ne peut évidemment tailler les pignons engrenant avec une roue plus grande que le diamètre maximum admis par la machine, car la génératrice d'un tel pignon conique est aussi longue que celle de la roue.

La machine automatique de la Société d'OErlikon est également à gabarit. Ce gabarit est d'une seule pièce et présente, agrandie, la forme du profil de la dent à tailler ; on emploie le même gabarit pour tous les engrenages ayant le même nombre de dents et le même rapport de transmission quels que soient leur diamètre et leur division. Le défonçage se fait avec le même outil sans tête de porte-outil spécial.

La Société Fétu-Defize construit aussi une machine à raboter les engrenages coniques d'après calibre.

La machine à raboter les engrenages cônes taille donc la forme théoriquement correcte des dents, mais il faut parfois plus de temps pour raboter un engrenage que pour le fraiser ; à partir de 4P il est souvent avantageux d'utiliser cette machine.

On a objecté que l'usure du crochet peut occasionner plus de variation dans l'épaisseur des dents que n'en détermine l'usure d'une fraise à profil constant.

La question du montage des roues coniques a son importance ; on concoit que la moindre erreur d'écartement des axes annule tous les avantages que l'on obtient par l'emploi des engrenages théoriques ; dès lors si l'on se donne la peine de raboter des trains de roues coniques, il faut aussi se donner celle de les monter convenablement.

Machine Warren. — La Société Ludw.-Loewe à Berlin construit depuis quelques années une machine automatique à tailler les roues coniques basée sur un principe nouveau ; elle permet de tailler les roues d'angle sans gabarits et sans fraise profilée.

La figure 36 représente l'une de ces machines. Le principe consiste dans l'emploi de deux roues coniques engrenant ensemble ; l'une d'elles est la roue à tailler, l'autre une roue conique présentant un angle constant de 180°. Cette dernière possède deux flancs figurant deux fraises ; pendant la taille elle enlève autant de copeaux qu'exige le développement des dents de la roue mise en œuvre. On réalise par ce procédé un profil exactement théorique.

Fig. 36

Une roue conique à 180° peut être considérée à très peu de chose près comme une crémaillère circulaire ; on sait que les dents d'une crémaillère en développante ont un profil rectiligne. Les fraises spéciales utilisées ici sont donc à profil droit comme celles que l'on emploie pour la taille des crémaillères.

MACHINE BILGRAM. — Reinecker à Chemnitz-Gablenz construit aussi une machine à tailler les engrenages coniques théoriquement à l'outil. Cette machine, comme celle de Warren, fonctionne sans gabarit. L'outil est une dent animée d'un mouvement de va-et-vient ; les flancs sont inclinés à 75° ; la roue à tailler est elle-même mobile.

Cette machine, réellement intéressante, produit des engrenages coniques d'un fini parfait et d'une grande exactitude. Elle est construite entièrement automatique ou semi-automatique.

Chapitre XIII

Roues hélicoïdales ou roues à vis sans fin

56. Définitions

Une vis est un filet destiné à engrener sur une roue appelée *engrenage à vis sans fin* ou *hélicoïdal.* Figure 8, n° 28, nous avons donné la coupe par l'axe d'une vis ; cette section est celle d'une crémaillère de même module. Le profil peut être en développante ou cycloïdal ; on adopte généralement la développante ; une partie du profil de crémaillère en développante est droite ; l'outil destiné à exécuter une vis est donc facile à faire. Cet outil n'est pas arrondi car les vis n'ont pas de congé à la racine.

Les Américains définissent une vis par le *nombre de filets par pouce de longueur.* Une vis division 2 veut dire que la vis a deux filets par pouce ou qu'elle effectue deux tours pour avancer d'un pouce.

On dit une vis de un pouce par tour ; une vis à filet simple division 4 ou 4 filets par pouce s'exprime vis $^{1''}/_{4}$ par tour. Le pas linéaire est la distance de l'axe d'un filet à l'axe du filet suivant. Nous aurons l'occasion de revenir sur la définition du pas d'une vis et de sa roue hélicoïdale. Les vis peuvent être à simple, double, triple ou multiple filet. Une vis à simple filet a la même division que le nombre de pas ; une vis division 2 a deux filets par pouce et deux pas.

Nous préférons nous en rapporter au module et ramener l'étude d'une vis à celle de la roue qu'elle engrène, la roue étant définie par son module (voir Partie II, chapitre IV).

57. Tracé d'une vis et de sa roue

Tirons (fig. 37) la ligne des centres AO sur laquelle nous prenons une distance *ab* égale au diamètre primitif de la roue ; portons *bc* = *bd* = le module *a*. A partir du point *c* marquons la distance *c*O égale au rayon de la vis ; le diamètre d'une vis est généralement égal à quatre ou cinq fois le pas circonférentiel. Portons les distances *ed* et *gc* égales au jeu usuel *f*.

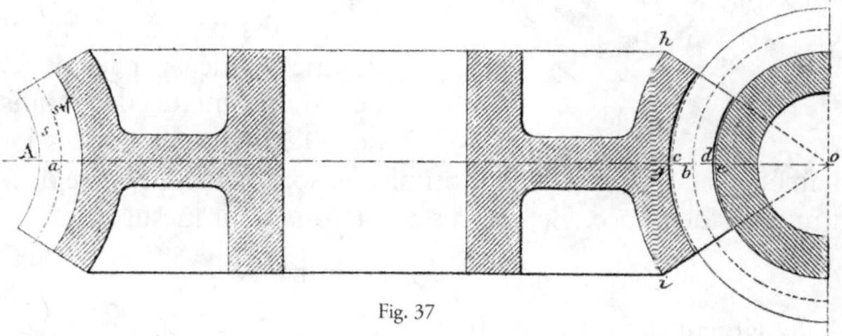

Fig. 37

Décrivons du point O comme centre des circonférences avec O*c* et O*e* comme rayons. Celles-ci correspondent aux diamètres du cercle de racine et du cercle de couronne de la vis. Tirons les rayons O*h* et O*i* faisant avec l'axe AO un angle de 30 à 45° ; ils déterminent la largeur de la roue hélicoïdale. Enfin, du point O comme centre avec des rayons O*d* et O*g* décrivons des arcs de cercle que nous reproduisons de l'autre côté ; ces arcs délimitent la roue hélicoïdale. Le diamètre de couronne D est la distance A *d*.

58. Fraises-mères

Les roues hélicoïdales sont généralement taillées avec des *fraises-mères*. La figure 38 représente une fraise de ce genre ; c'est un bloc d'acier fileté avec l'outil à vis, il est ensuite découpé pour former des dents espacées et trempé. Le diamètre extérieur de la fraise-mère est au moins égal à celui de la vis augmenté de deux jeux ou 2*f*. Les arêtes extérieures sont arrondies jusqu'à la distance *f* : la largeur des arêtes avant l'arrondi est les 0,31 du pas circulaire ; la profondeur totale du filet a pour valeur D" + *f* ; enfin le diamètre intérieur est égal à celui de la vis augmenté de 2*f*. La forme du filet de vis et de l'outil à fileter a été étudiée n° 28.

Fig. 38

L'épaisseur des fraises destinées à dégager les dents des fraises-mères de moins de 50 mm ou 2 pouces de diamètre est égale à la largeur du filet au sommet augmentée de 3 mm ou ⅛ de pouce. Cette épaisseur a donc pour mesure :

$$0{,}335\ P' / 2 + 3\ \text{mm}$$

La largeur des creux au fond est égale à D" + 2*f* + 3 mm. Ces fraises pour rainures latérales doivent être bien affûtées et produire un arrondi au fond du filet. Dans les grosses fraises-mères de plus de 75 mm de diamètre, les dents sont découpées de façon que les vides sont plus larges au bout que vers le centre ; les dents sont arrondies à la lime. Le travail précédent se fait sur une machine à fraiser.

59. Fraisage des dents

Le corps de la roue hélicoïdale est monté sur une broche ; la fraise-mère est amenée sur la roue dans la direction qu'ultérieurement doit avoir la vis ; la fraise-mère est animée d'un mouvement de rotation et abaissée peu à peu vers la roue à chaque évolution qu'effectue celle-ci ; la denture se forme donc progressivement. Nous pouvons citer, parmi les bonnes machines destinées à tailler ce genre de roues, la fraiseuse universelle de Brown et Scharpe, celle de Reinecker et la machine Biernatzki. Nous renvoyons le lecteur à la description que nous avons donnée de ces machines et des autres fraiseuses universelles.

Les figures 39, 40, 41, 42, 43 et 44 représentent des roues taillées sur des machines à fraiser.

Au lieu d'employer une fraise-mère pour la taille des roues à vis sans fin, on peut aussi se servir d'une fraise ordinaire en orientant le chariot porte-fraise de façon à obtenir l'inclinaison voulue des dents et en fraisant alors séparément ces dernières comme cela se fait dans les engrenages droits. Ce procédé ne permet pas d'obtenir des roues à vis sans fin à denture concave ; de plus, il ne peut, nécessairement être employé que sur des machines dont le chariot porte-fraise peut recevoir l'orientation convenable.

Dans certaines machines où l'on utilise la fraise-mère hélicoïdale, le chariot porte-fraise reste fixe et c'est en abaissant graduellement la poupée porte-roue que la denture est progressivement engendrée.

On utilise parfois un procédé mixte qui consiste à ébaucher la roue à vis sans fin avec une fraise ordinaire et la finir avec une fraise-mère.

Aujourd'hui, dans les bonnes machines à fraiser, on utilise encore une fraise-mère reproduisant la vis sans fin, mais on imprime à la roue à tailler une rotation exactement fonction de celle de la fraise.

C'est ce qu'on appelle l'appareillage pour le fraisage *desmodromique* ou à liaisons forcées. Les roues à vis sans fin obtenues par ce procédé sont très exactes et engrènent sans jeu avec toute vis sans fin identique à la fraise employée.

Parmi les bonnes machines de ce modèle on peut citer celle de Gould et Eberhardt dans laquelle le mouvement de rotation de l'arbre porte-fraise est transmis par un train d'engrenages et d'axes rainurés à la roue de division ; la roue à tailler, montée sur son mandrin solidaire de la roue de division reçoit donc, en même temps que la fraise, un mouvement rotatif. Le rapport exact des

Fig. 39

Fig. 40

vitesses de rotation de l'arbre porte-fraise et de la roue de division en fonction du nombre de dents de la roue à tailler et du pas de la vis sans fin s'obtient au moyen de roues de rechange.

Fig. 41

60. Roues hélicoïdales de moins de trente dents

Si nous adoptons pour le diamètre de couronne d'une roue hélicoïdale de moins de trente dents le produit du nombre de dents plus deux par le module et si nous taillons la roue avec une fraise-mère nous observons, quand on engrène la vis, que le filet de celle-ci bute contre les dents de la roue vers leur racine.

Nous avons adopté, n° 30, le nombre de trente dents comme limite de l'emploi d'une simple développante et nous avons constaté qu'il y avait lieu d'arrondir la tête des dents d'une crémaillère engrenant sur un tel engrenage.

A titre d'édification nous avons représenté, figure 45, une roue hélicoïdale de 12 dents tracée d'après les procédés de la figure 37. La vis y produirait certainement des chocs, car l'engrènement y a lieu avec coincement.

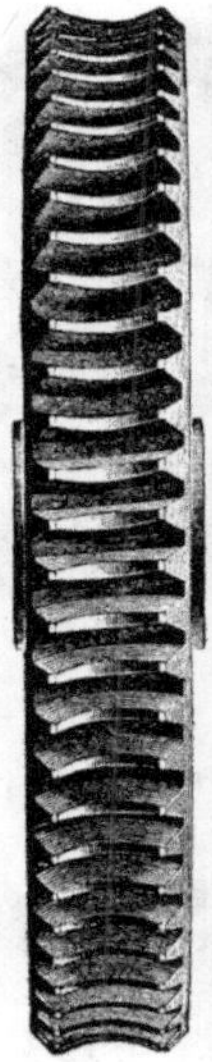

Fig. 42

Fig. 43

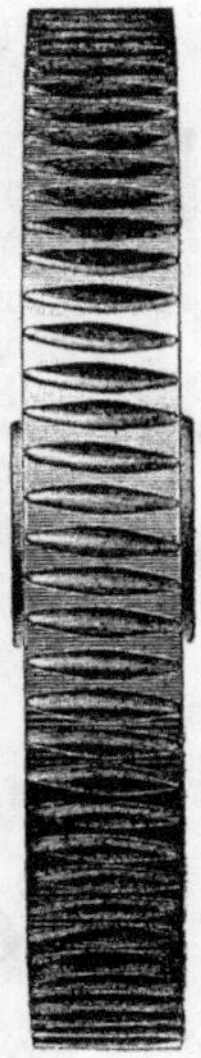

Fig. 44

On pourrait, comme pour une crémaillère, arrondir le filet de la vis, mais l'outil à fileter aurait une forme assez compliquée. On préfère lui conserver son profil droit.

On tourne la difficulté en exécutant les couronnes à un diamètre plus grand que celui obtenu par le calcul. La roue de la figure 46 a été taillée sur ce principe et avec les données suivantes.

Le diamètre de gorge ou de racine est égal au produit augmenté de 4*a* du diamètre primitif par 0,937 ; le cercle primitif reste le même ; le cercle de couronne s'obtient en traçant l'épure.

Une roue de 16 à 18 dents établie avec ces données ne pourrait cependant être fraisée automatiquement par une fraise-mère ; elle devrait être mise en mouvement par un mécanisme indépendant (desmodromique).

Pour obtenir l'angle exact de la fraise sur la roue, le mieux est de mesurer cet angle sur la vis, puis de disposer la fraise-mère sur la roue au même angle ; on défonce quelques dents, puis on essaye la

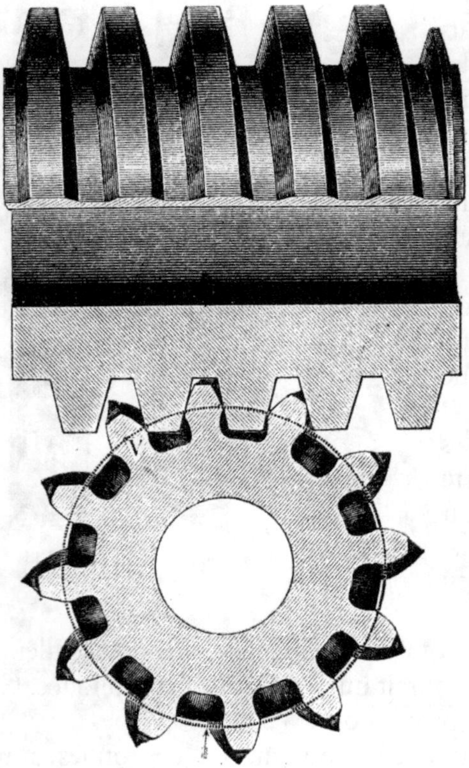

Fig. 45

vis ; généralement la fraise-mère doit être légèrement déplacée.

61. Vis avec roue droite

Les roues à vis sans fin fraisées autrement qu'avec une fraise-mère ne présentent guère d'avantages sur les roues à dents droites engrenant sur une vis ; dans ces roues, les dents sont taillées en biais sur la jante (fig. 40 et 43).

Les couronnes sont tournées au diamètre des roues droites ordinaires. Les roues de machines à fraiser les engrenages ont généralement une forme spéciale (fig. 41 et 44) ; on les taille avec une fraise dont le diamètre est égal à celui de la vis augmenté de 1,5 mm ; le filet est légèrement arrondi vers l'extérieur ; le rayon du congé peut être pris égal au quart de l'épaisseur du filet au sommet.

Certaines roues sont en deux parties assemblées suivant un plan perpendiculaire à l'axe ; les dents sont fraisées séparément, puis les deux demi-roues sont calées ensemble ; on fraise à nouveau pour éliminer les erreurs.

Parmi les roues représentées figures 42, 43 et 44 celle de la figure 42 a une durée plus longue pour un travail lourd et continu, la roue (fig. 43) pour engrener sur une roue ou sur une crémaillère aussi bien que sur une vis, l'angle d'inclinaison du filet restant dans les limites de la pratique courante. Ce système a été appliqué avec succès durant de nombreuses années dans les élévateurs. La roue (fig. 44) est la plus simple ; les dents y sont moins sujettes à détérioration que celles des roues 42 et 43.

On construit aujourd'hui des vis pour roues sans fin dites *globoïdes* dans lesquelles le corps de la vis n'est pas un cylindre mais un autre corps de révolution. Le plus souvent, on prend comme génératrice de la surface primitive de la vis une portion du cercle primitif de la roue. Pour la taille de ces vis, l'outil et le porte-outil doivent décrire un arc de cercle dans le plan moyen de la vis avec un rayon égal à celui de la roue. Ces vis globoïdes sont employées pour la transmission de grands efforts.

Fig. 46

Si le rayon d'une roue à vis sans fin devient infini, la roue se change en une crémaillère actionnée par une vis ; on a le mécanisme que Sellers a adopté pour pousser la table des machines à raboter.

En choisissant convenablement l'angle de l'axe de la vis avec la crémaillère on peut diminuer la pression latérale résultant du frottement.

En dessinant un roue hélicoïdale et sa vis, il faut prévoir la latitude admise pour la distance des axes.

Les fraises-mères doivent être exécutées avec la précision d'un écrou et leur filet doit être absolument exact avant la trempe.

62. Rapport de vitesse d'une vis et de sa roue

Deux roues quelconques (n° 13) ont leurs éléments réunis par la relation : $nz = n'z'$

n et n' étant les nombres de tours par minute, z et z' les nombres de dents. Une vis à un filet n'a qu'une dent : on peut poser, z' étant égal à 1 : $nz = n'$

Le nombre de tours de la vis est égal au produit du nombre de tours de la roue par le nombre de dents qu'elle porte. D'autre part : $n = n' / z$

Le nombre de tours de la roue est égal au quotient du nombre de tours de la vis par le nombre de dents de la roue. Si la vis a deux filets il vient : $nz = 2n'$

Si elle a trois filets : $nz = 3n'$ et ainsi de suite. Nous nous passerons d'exprimer ces formules en règles.

Une vis à plusieurs filets a nécessairement plusieurs entrées.

Chapire XIV

Calcul des diamètres primitifs, la distance des centres étant donnée.
Remarques

63. Calcul des diamètres primitifs

Le problème suivant se pose fréquemmment en pratique : la distance de centre à centre de deux arbres est connue ; l'un d'eux doit commander l'autre dans un rapport de vitesses assigné ; quels sont les diamètres primitifs des roues ?

Appelons D' et D' ces diamètres inconnus et l la distance d'axe en axe. Nous avons :

$$l = (D' + D'_1) / 2 \quad \text{ou} \quad 2l = D' + D'1 \qquad (1)$$

Soient encore n' et n'_1, les nombres de tours assignés pour les arbres.

Nous avons vu n° 13 que les diamètres primitifs sont liés par la relation :

$$n D' = n'_1 D'_1 \qquad (2)$$

ou

$$D' = n'_1 / n' D'_1$$

qu'on introduit dans la formule (1) :

$$2l = \frac{n'_1}{n'} D'_1 + D'_1 = D'_1 \left(\frac{n'_1}{n'} + 1\right) = D'_1 \frac{n' + n'_1}{n'} ;$$

d'où

$$D'_1 = \frac{2l}{\frac{n' + n'_1}{n'}} = \frac{2n'l}{n' + n'_1} \qquad (3)$$

La relation (1) fournit encore :

$$2l = D' + \frac{2n'l}{n' + n'_1},$$

$$D' = 2l - \frac{2n'l}{n' + n'_1},$$

$$D' = \frac{2n'l + 2n'_1l - 2n'l}{n' + n'_1},$$

ou

$$D' = \frac{2n'_1l}{n' + n'_1} \qquad (4)$$

Soient

$$l = 600 \text{ mm} \quad n' = 120 \quad n'_1 = 60,$$

$$D'_1 = \frac{2 \times 120 \times 600}{120 + 60} = 800 \text{ mm},$$

$$D' = 400 \text{ mm}. —$$

Les formules précédentes peuvent s'exprimer comme suit :

Le diamètre primitif d'une roue A est égal au double produit de la distance des axes par le nombre de tours de la roue B, divisé par la somme des nombres de tours de la roue A et de la roue B ; le diamètre primitif de la roue B est égal au double produit de la distance des axes diminué du diamètre primitif de la roue A.

Il est très utile de se faire l'esprit à la gymnastique du calcul des diamètres primitifs et des éléments d'une denture : on en a plus souvent besoin que des tracés proprement dits. Il convient, outre les règles précédentes, de connaître la théorie des modules et des pas diamétraux ; les tableaux qui renseignent les dimensions proportionnelles seront consultés avec fruit.

Il n'est pas inutile d'adopter pour π une valeur plus précise que 3,1416 : avec 9 décimales on a : π = 3,141592653

et $1 / \pi$ = 0,318309886

64. Douceur de marche

Il se produit, entre deux roues qui engrènent, un certain frottement. Avec le temps le profil change de forme et les engrenages deviennent bruyants.

Bach, dans son ouvrage sur la *Construction des éléments de machines*, établit qu'un profil en développante a une tendance à devenir cycloïdal.

Les engrenages coniques correctement exécutés roulent plus doucement que des engrenages droits, parce que leurs dents restent plus longtemps en contact ; pour la même raison les engrenages denture intérieure ont un roulement plus doux que les roues coniques et que les roues droites.

Certains engrenages doivent être fraisés plus profonds afin de pouvoir tourner facilement sur leurs axes.

65. Roues fraisées deux fois

Il est utile de fraiser deux fois les roues dont le pas diamétral est supérieur à 8 P : on obtient une précision plus grande. Dans les grandes roues la dilatation de la chaleur occasionne des déformations que l'on peut corriger par un second fraisage ; cet effet est nécessairement moins à craindre dans les roues pleines que dans les roues pourvues de bras.

66. Largeur des engrenages droits

La largeur des dents des roues en fonte d'un usage courant peut se prendre égale au produit augmenté de 6,5 mm, du module par 8 ou au quotient, augmenté de ¼ de pouce, de 8 pour le pas diamétral.

Une roue 4 P aura une largeur $^{8}/_{4} + {}^{1''}/_{4} = 2\ {}^{1''}/_{4}$

Les roues de rechange des tours peuvent ne pas être aussi larges ; on peut adopter pour leur largeur le produit, augmenté de 18 mm, de leur module, par 4 ou au quotient, augmenté de ${}^{1''}/_{2}$ du chiffre 4 par le pas diamétral. Une roue de rechange 4 P n'a que $1\ {}^{1''}/_{2}$ de largeur.

67. Vitesse linéaire des fraises

Il n'est pas possible de donner des règles absolues pour la détermination exacte des vitesses de rotation des fraises ; trop de facteurs interviennent en effet. Il faudrait tenir compte de la rapidité d'exécution et du degré de fini du travail qu'on veut réaliser, de la profondeur et de la largeur de la passe, de la nature de la matière à tailler, de l'état où elle se présente, si elle a une croûte, du genre de fraise employée, de son diamètre, de l'écartement de ses dents ; de l'état d'affûtage de la fraise, de la résistance de la machine à tailler ; de l'abondance de l'arrosage d'huile, etc.

Seule la pratique détermine pour chaque travail la vitesse la plus convenable. Le mieux est donc d'augmenter la vitesse jusqu'à ce que la machine fatigue ; on réduit ensuite aux vitesses de sécurité. Il n'est donc pour ainsi dire pas possible de formuler des indications précises. Une fraise module 2 doit avoir une vitesse linéaire plus faible qu'une fraise pour grand engrenage.

Nous extrayons du catalogue de la *Société française du Petit Outillage* à Nouzon (Ardennes), les indications suivantes :

Les vitesses linéaires par minute peuvent être :

Sur acier fondu non recuit	de 5 m environ
Sur acier fondu bien recuit	de 8 à 10 m
Sur fer, cuivre doux.	de 10 à 15 m
Sur fonte malléable	de 10 à 15 m
Sur fonte douce	de 15 à 20 m
Sur bronze phosphoreux	de 15 à 20 m
Sur bronze d'aluminium	de 15 à 20 m
Sur cuivre rouge	de 25 à 33 m
Sur bronze doux	de 25 à 33 m

Si n est le nombre de tours de la fraise par minute, D son diamètre, sa vitesse linéaire en mètres par minute est donnée par la formule (voir n° 13) :

$$V = \pi D n$$

Pour le cuivre, la vitesse linéaire de la fraise peut donc être de beaucoup plus considérable que pour la fonte. Les spécialistes d'engrenages en cuivre, les fabricants d'horloges, dépassent la proportion indiquée. Nous pouvons citer une fraise 12P ayant tourné à 1200 tours par minute dans du bronze ; une autre de 32P a tourné à 7000 tours par minute dans du cuivre doux. Une fraise 6P a tourné à 136 tours pour défoncer une roue en fonte très douce ; les dents étaient finies ensuite par une fraise 5P tournant à 208 tours. Une fraise a taillé une roue en fonte de 86 dents à 48 tours par minute à la vitesse linéaire de 76 mm par minute ; elle taillait les dents en une seule passe.

Le tableau ci-dessus ne peut servir que d'indication ; si on a un grand nombre d'engrenages identiques à tailler, le mieux est d'augmenter la vitesse jusqu'à refus, puis de revenir à une limite permise.

Au delà de 4P il est préférable de défoncer la roue avec une fraise à ébaucher et de finir avec une fraise ordinaire.

68. Affûtez souvent

Les fraises doivent toujours avoir un bon tranchant ; il est avantageux de les affûter avant qu'elles ne soient émoussées, dût-on répéter fréquemment ce travail, même après deux heures de fonctionnement ou après avoir taillé un certain nombre de roues. Les fraises généralement employées aujourd'hui sont celles dites à *denture dégagée*, *à dépouille* ou *fraises à profil constant* (fig. 47). Les dents de ces fraises sont obtenues en creusant dans le galet, tourné au préalable aux dimensions et à la forme convenables, de profondes rainures espacées largement en forme de V ; l'un des côtés passe par le centre de la fraise. Les parties pleines séparant les rainures constituent les dents. Ces dents sont ensuite dégagées mécaniquement, c'est-à-dire qu'on enlève sur la périphérie une certaine quantité de matière suivant un segment de cercle dont le centre est plus ou moins excentrique par rapport au centre de la fraise, suivant le dégagement que l'on veut réaliser. Cette

Fig. 47

opération a pour but d'empêcher la fraise de talonner, ce qui aurait lieu si les dents étaient laissées sur toute la circonférence.

Le dégagement est opéré sur toute l'épaisseur en épousant fidèlement le profil. On trempe ensuite la fraise et on avive les faces antérieures radiales. Des fraises de ce genre peuvent être affûtées sans changer leur forme, mais elles sont rapidement hors d'usage si on les fait travailler lorsqu'elles sont émoussées. En effet, si on continue à fraiser avec une fraise émoussée, celle-ci ne coupant plus broute, arrache la roue et reçoit des chocs plus ou moins violents qui détériorent les dents, celles de la roue et fatiguent la machine. Elles sont plus rapidement inutilisables quand on les fait tailler dans ces conditions que lorsqu'on les aiguise souvent.

L'affûtage consiste à aviver la face antérieure de la dent en poussant une meule émeri successivement dans chacun des vides séparant les dents. Pour conserver le profil exact, il est indispensable que l'affûtage soit exécuté radialement, c'est-à-dire que la face travaillante de la meule et la face antérieure de la dent soient dans le plan passant par l'axe de la fraise (fig. 48).

Il faut prendre garde de ne pas laisser les meules se vitrifier par la chaleur, les fraises pourraient se détremper.

L'importance de l'affûtage est considérable. Les fabricants de fraises ont la précaution d'estampiller sur chaque fraise, outre le

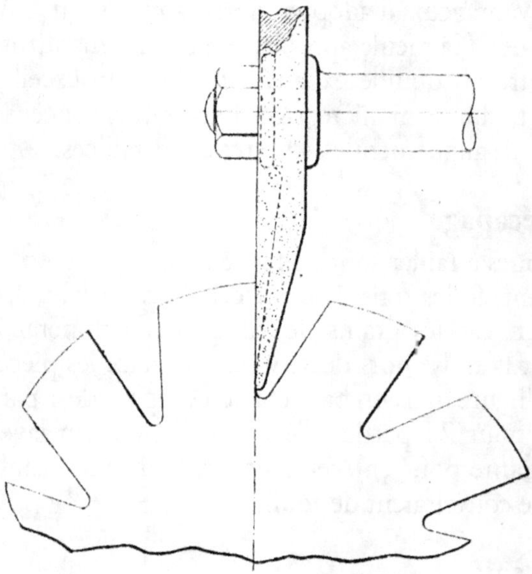

Fig. 48

module et les nombres de dents qu'elle peut tailler, la mention : *Affûtez souvent* ; en allemand : *oft schärfen* ; en anglais : *Keep scharp.*

On reconnaît qu'une fraise a besoin d'être affûtée, outre aux signes visibles pendant le travail, en examinant le contour de la dent qui, lorsque celle-ci ne coupe plus, est marqué d'un liseré blanc plus brillant que le corps de la dent.

69. Arrosage de la fraise

Il est indispensable que pendant le travail l'arrosage soit abondant et continu, sauf pour le cuivre, le bronze, l'aluminium et la fonte ordinaire qui peuvent se travailler à sec.

On emploie l'eau de savon, l'huile, un mélange d'huiles solubles, etc.

La fraise doit tourner bien rond et sans voiler et être ajustée sur le mandrin sans aucun jeu ; la roue à tailler doit être maintenue solidement sur la broche et sans jeu.

Il est avantageux d'adopter des mandrins ou arbres porte-pièces rectifiés à la meule après la trempe ; les mandrins coniques avec fourrure ou douille expansible sont d'un excellent usage ; ils donnent, d'une manière rigoureuse, une concentricité, une division et un alignement exacts aux dents taillées.

70. Décapage

Si les roues à tailler sont en fonte malléable ou en acier coulé, il faut, avant de les fraiser, les placer dans un bain à décaper et les nettoyer, car les grains de sable ou de minerai mettraient rapidement la fraise hors de service. On place les pièces pendant un quart d'heure dans un bain chaud composé de 1 partie d'acide sulfurique pour 25 parties d'eau bouillante. On lave ensuite à l'eau bouillante pour enlever toute trace d'acide. Sans ce lavage les pièces se couvriraient de rouille.

71. Recuit

Si l'on doit tailler des roues en acier coulé non recuit ou des pièces de forge encore dures après décapage, on les fait recuire en les chauffant lentement au rouge et en les laissant refroidir à l'abri de l'air ; le mieux est de faire ces opérations dans un four.

72. Nomenclature des fraises

Nous avons eu l'occasion, n° 32, de donner une nomenclature des fraises destinées à tailler les engrenages de 12 dents et plus jusqu'à la crémaillère. Cette liste se rapporte à tout module ou tout pas diamétral ; elle comprend, par module, un jeu de 8 fraises.

Au point de vue théorique, chaque roue dentée nécessite un profil spécial correspondant au diamètre de la roue et au nombre de dents. Mais la pratique a démontré, surtout pour les engrenages en développante, que l'on ne commet pas grande erreur et que la marche des engrenages est suffisamment correcte quand on se sert d'un assortiment de 8 fraises pour tailler toutes les roues d'un même module du plus petit au plus grand diamètre. Ainsi il faudra 8 fraises pour tailler tous les engrenages en développante de module 4 ayant 12 dents et plus ; de même, il faudra un jeu de 8 fraises pour tailler les roues de module 2 de 12 dents et plus. Pour les modules au-dessus de 9 on emploie un jeu de fraises. Le tableau ci-dessous, emprunté au catalogue de la *Bergische Werkzeug-Industrie* (Emile Spennemann) à Remscheid, fournit la liste des fraises généralement employées.

POUR LES MODULES DE 1 A 8
8 *fraises par assortiment.*

Fraise n° 1	pour engrenages de	. . . . .	12 et 13 dents.
— 2	— —	. . . . .	14 à 16 —
— 3	— —	. . . . .	17 à 20 —
— 4	— —	. . . . .	21 à 25 —
— 5	— —	. . . . .	26 à 34 —
— 6	— —	. . . . .	35 à 54 —
— 7	— —	. . . . .	55 à 134 —
— 8	— —	. . . . .	135 jusqu'à la crémaillère.

POUR LES MODULES DE 9 A 12
14 *fraises par assortiment.*

Fraise n° 1	pour engrenages de	. . . . .	12 dents.
— 2	— —	. . . . .	13 —
— 3	— —	. . . . .	14 —
— 4	— —	. . . . .	15 et 16 —
— 5	— —	. . . . .	17 et 18 —
— 6	— —	. . . . .	19 et 20 —
— 7	— —	. . . . .	21 à 24 —
— 8	— —	. . . . .	25 à 28 —
— 9	— —	. . . . .	29 à 33 —
— 10	— —	. . . . .	34 à 41 —
— 11	— —	. . . . .	42 à 52 —
— 12	— —	. . . . .	53 à 80 —
— 13	— —	. . . . .	81 à 134 —
— 14	— —	. . . . .	135 jusqu'à la crémaillère.

Une fraise de module 3 n° 5 taille seulement les dents de module 3 de 26 à 34 dents. Une fraise module 5 n° 2 taille seulement les dentures de module 5 de 14 à 16 dents. Sur chaque fraise est estampillé le nombre de dents aux deux limites ainsi que le module avec la mention : *Affûtez souvent* et, naturellement, la marque de fabrique. Voici, par exemple, la mention d'une fraise: Mod. n° 5 26-34.

Si l'on désire tailler des engrenages d'un même module de 14 à 21 dents, il faudra, comme on peut voir au tableau, trois jeux de fraises.

Les Américains ont une notation analogue ; sur chacune des fraises sont indiqués le pas diamétral, le numéro de la fraise et les nombres de dents limites ; on dit une fraise n° 8 5P 12-13.

La taille des engrenages à profils cycloïdaux nécessite l'emploi de 24 fraises ; le profil des dents varie plus vite d'un diamètre au suivant, d'où utilité d'un plus grand nombre de fraises.

Il y a aujourd'hui une tendance marquée à n'employer que des fraises en développante ; la taille en cycloïde exige plus de soin.

Les fraises cycloïdales sont pourvues de chaque côté d'un épaulement qui atteint la couronne quand la fraise est à profondeur convenable ; la trace que laissent les épaulements sur la roue doit être aussi légère que possible. Voici la liste des fraises pour la taille des engrenages à épicycloïde.

Ces fraises sont marquées par des lettres.

A	taille. .	12 dents.	M	taille. .	27 à 29 dents.
B	— . .	13 —	N	— . .	30 à 33 —
C	— . .	14 —	O	— . .	34 à 37 —
D	— . .	15 —	P	— . .	38 à 42 —
E	— . .	16 —	Q	— . .	43 à 49 —
F	— . .	17 —	R	— . .	50 à 59 —
G	— . .	18 —	S	— . .	60 à 74 —
H	— . .	19 —	T	— . .	75 à 99 —
I	— . .	20 —	U	— . .	100 à 149 —
J	— . .	21 et 22 —	V	— . .	150 à 249 —
K	— . .	23 et 24 —	W	— . . .	255 ou plus.
L	— . .	25 et 26 —	X	—	la crémaillère.

La nouvelle machine Biernatzki taille les engrenages droits avec une fraise-mère spiralcoïde (voir n° 41). L'outil étant générateur de la courbe et non simplement un reproducteur, comme les fraises ordinaires, on peut, avec une seule fraise, tailler correctement les engrenages de même module et tous les nombres de dents, de 20 dents à la crémaillère.

Au-dessous de 20 dents, bien que les engrenages soient encore interchangeables, le profil n'est plus correct parce que les flancs des dents sont trop creusés au congé, ce qui les affaiblit. On peut éviter cet inconvénient, soit en arrondissant légèrement suivant une courbe très ouverte les angles extérieurs des dents de la fraise-mère, soit en augmentant le diamètre de couronne de la roue à tailler ainsi que la hauteur totale de la dent (voir n° 60). Si on emploie la première méthode de correction, la crémaillère qui doit engrener avec les roues taillées avec la même fraise, doit être corrigée de la même façon.

Une fraise d'engrenage conique se définit par le nombre de dents à tailler, le module au plus grand diamètre de division et la longueur des dents.

Si les arbres ne sont pas à angle droit, il faut déterminer leur angle. On n'utilise que des fraises en développante pour la taille des dents coniques par approximation.

Une fraise-mère pour engrenage hélicoïdal se définit par le nombre de dents de la roue, le module de la vis et son diamètre extérieur.

73. Croquis sur zinc

Le croquis d'un engrenage destiné à être découpé pour en faire un gabarit réussit très bien sur une feuille de zinc noircie par le mélange suivant : dissoudre quelques grammes de sulfate de cuivre (vitriol bleu) dans de l'eau et ajouter un peu d'acide nitrique. On étend cette composition avec un chiffon sur une feuille de zinc. Ce mélange rouille le fer et l'acier.

74. Bruit des engrenages

Certains engrenages, en tournant, provoquent un bruit parfois fort désagréable. Il n'est pas toujours possible, même à l'examen, de se rendre compte des causes qui déterminent ce bruit. On ne peut donner à ce sujet que quelques indications. Le grincement peut provenir d'une taille non correcte ; la profondeur des vides est inexacte ; la taille a été faite hors centre ; cette dernière cause peut rendre les engrenages bruyants quand ils tournent dans une direction et silencieux quand ils tournent dans l'autre sens ; la distance des centres n'est pas la bonne ; les arbres ne sont pas parallèles ; les bâtis des machines où fonctionnent les roues donnent des vibrations.

75. Calibres

Les figures 49 et 50 représentent deux calibres ; l'un est destiné à mesurer les filets de vis, le second à vérifier la hauteur des dents.

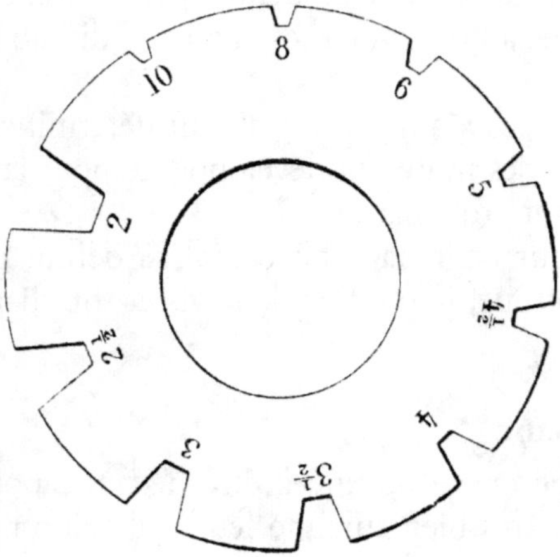

Fig. 49

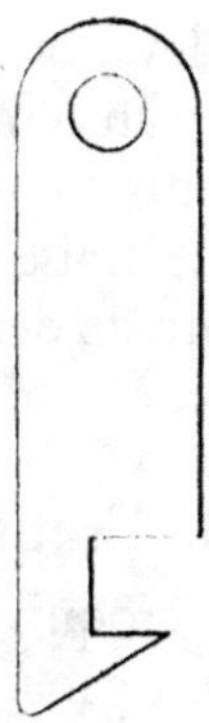

Fig. 50

Partie 2

APPLICATION DU CALCUL TRIGONOMÉTRIQUE

à la détermination des éléments des roues dentées

76. — Nous aurons l'occasion d'étudier dans la seconde partie de cet ouvrage, les applications du calcul trigonométrique à la détermination des éléments d'une roue conique et d'une roue hélicoïdale ; nous examinerons ensuite quelques problèmes intéressants relatifs aux engrenages, notamment l'application de la théorie des fractions continues au calcul de certains éléments de machines.

Chapitre 1

Des tangentes

77. Fonction

Une fonction est une quantité dont la valeur dépend à chaque instant d'une ou de plusieurs autres quantités variables. Le salaire hebdomadaire d'un ouvrier, par exemple, est fonction du temps employé à travailler et de la somme qui lui est attribuée à l'heure. Le salaire est la fonction, le nombre d'heures et le salaire à l'heure sont les variables.

78. Triangle rectangle

Un triangle est une figure géométrique fermée plane, formée de 3 côtés droits. Un triangle rectangle est le triangle qui a un angle droit (fig. 51).

Les côtés AO et AB de l'angle droit sont appelés les côtés du triangle ; la droite OB, opposée à l'angle droit, se nomme l'hypoténuse ; OA est le côté adjacent à l'angle AOB ; AB est le côté adjacent à l'angle ABO.

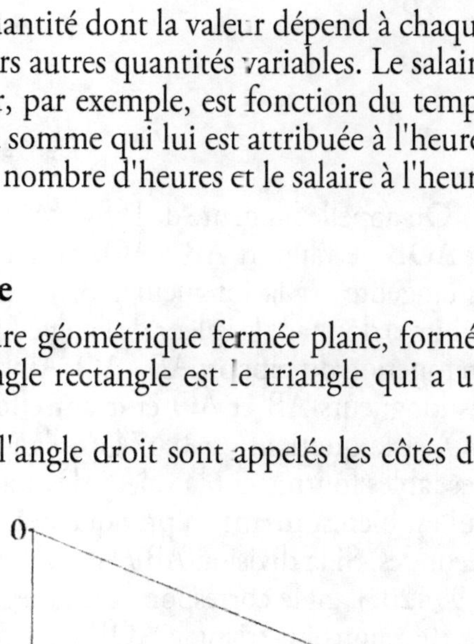

Fig. 51

79. Tangente

Considérons (fig. 52) une circonférence de rayon OA et, sur cette circonférence, un arc AC ; traçons à l'origine A de cet arc la tangente AB perpendiculaire sur le rayon AO et tirons la droite OC.

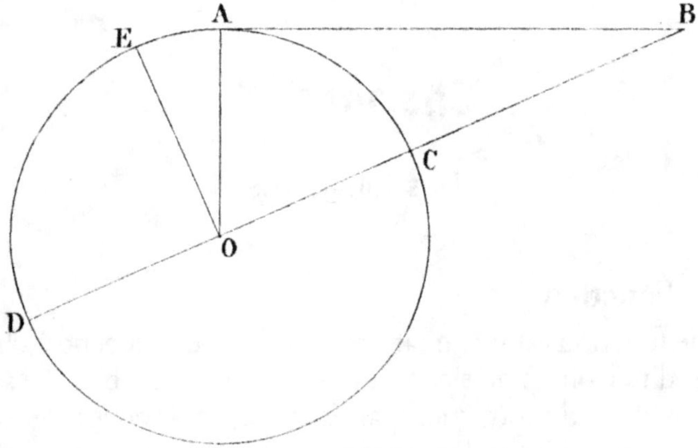

Fig. 52

On appelle tangente de l'angle AOB ou de l'arc AC, et on écrit tg AOB, le rapport AB / AO. Si le rayon AO est égal à l'unité, la tangente est la longueur AB. Il existe des tables (voir fin du volume) donnant la valeur de l'angle AOB en degrés et en minutes, en fonction du rapport AB / AO. Ainsi, ayant mesuré sur le dessin les longueurs AB et AO et ayant effectué la division de AB par AO, si le quotient est 0,67450, l'angle correspondant vaut 34°. Les tables fournissent la valeur des angles de 10 en 10 minutes, ce qui est bien suffisant en pratique ; on sait qu'une minute vaut 60 secondes. Si la division AB / AO a donné pour quotient le chiffre 0,99420, l'angle correspondant est égal à 44°50'.

Revenons au triangle AOB (fig. 51). Si du point O comme centre, avec un rayon OA, nous traçons un arc de cercle, le rapport AB / OA est la tangente de l'angle AOB ; de même, si du point B comme centre, avec un rayon égal à BA, nous décrivons un arc de cercle, le rapport AO / AB est la tangente de l'angle B. *Pour avoir la valeur d'un angle aigu dans un triangle rectangle on divise le côté opposé à cet angle par le côté adjacent ; le quotient fournit dans les tables des tangentes la valeur de l'angle en degrés et minutes.* On cherche nécessairement la valeur du quotient la plus rapprochée dans la table.

Plus un angle augmente, plus le rapport AB / AO grandit ; si l'angle devient égal à 90°, la tangente est infiniment grande et on écrit tg 90° = ∞ ; ∞ est le signe représentatif de l'infini.

La formule : tg AOB = AB / OA peut se mettre sous la forme : AB= OA tg AOB

Dans un triangle rectangle un côté quelconque est égal au produit de la tangente de l'angle opposé par le second côté.

80. Complément

Le complément d'un angle aigu est la différence entre 90° et cet angle. Le complément d'un angle de 50° est 40°. La somme des angles, dans un triangle quelconque, vaut deux angles droits ; la somme des angles A + O + B = 2 droits ; mais A est un angle droit ; donc O +B = 1 angle droit ou 90°; il s'ensuit que O est le complément de B et réciproquement que B est le complément de O. Si on connaît un angle aigu dans un triangle rectangle, il est inutile de chercher l'autre, puisqu'il vaut 90° moins le premier.

81. Cotangente

Élevons (fig. 52) la droite OE perpendiculairement sur OB ; le rapport AB / OB est la cotangente de l'angle AOE ou cotg AOE. *La cotangente d'un angle est égale à la tangente de son complément* ; réciproquement la tangente de l'angle AOE est la cotangente de l'angle AOB.

82. Construction des angles

Il est souvent nécessaire de dessiner des angles de valeurs diverses. Il n'est pas toujours possible de tracer exactement leurs côtés à l'aide du rapporteur, surtout si celui-ci est petit. Le meilleur moyen est de se servir des tangentes. Il est prudent d'admettre un rayon de la circonférence suffisamment grand, l'erreur commise est alors très faible. Supposons qu'il s'agisse de tracer un angle de 14°30'. Nous pouvons écrire (fig. 53) tg 14°30' = AO / AB. La table des tangentes fournit, pour un angle de 14° 30', un rapport AO / AB = 0,25862 ou AO = AB x 0,25862. Si nous adoptons pour AB une longueur égale à 10 cm, AO = 0,10 m x 0,25862 = 0,0258 m, soit 2 cm et 6 mm que nous portons

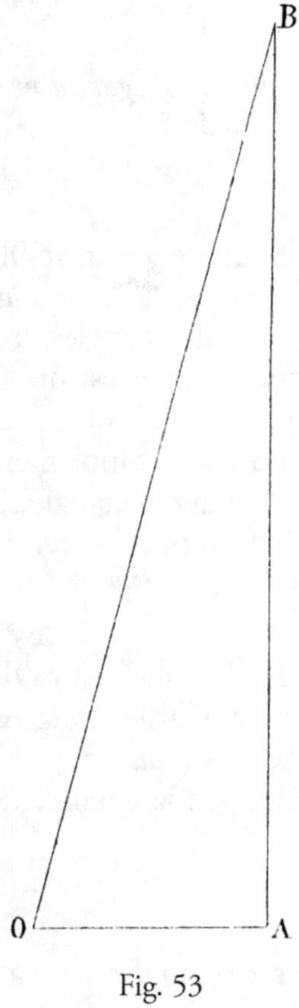

Fig. 53

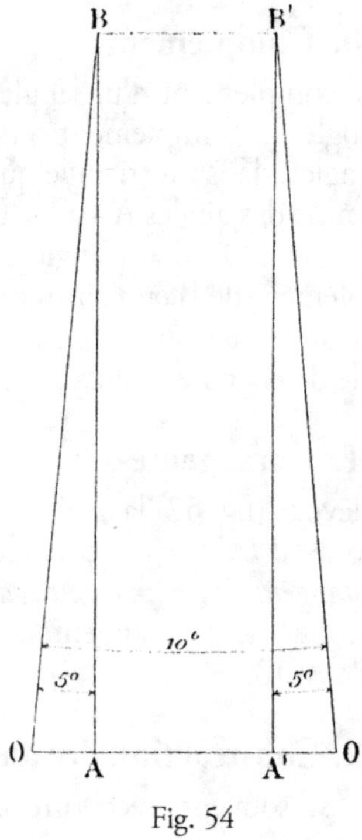

Fig. 54

sur la perpendiculaire AO ; en joignant B avec O l'angle ABO vaut 14°30'. Si nous cherchions une approximation plus grande, nous prendrions par exemple AB = 0,50 m ; nous aurions alors AO = 0,5 m x 0,25862 = 0,129 m, soit 129 mm.

83. Diamètre maximum d'un cône

Voici une première application intéressante du calcul des tangentes. Il s'agit de tourner une pièce conique de 120 mm de longueur, la petite section a 25 mm de diamètre, deux génératrices opposées comprennent entre elles un angle de 10°. Faisons une coupe par l'axe du cône ; nous obtenons la figure 54. Par B et B' conduisons deux parallèles BA et B'A' à l'axe ; AA' = BB' = 25 mm ; le diamètre OO' est égal à :

$$AA' + OA + O'A'$$

ou

$$OO' = 25 \text{ mm} + 2OA$$

L'angle OBA vaut 5° ; on a :

$$AO / OB = \text{tg } 5°,$$

ou

$$AO = AB \text{ tg } 5°$$

$$AB = 120 \text{ mm} ; \text{tg } 5° = 0{,}0875$$

donc

$$AO = 120 \times 0{,}0875 = 10{,}5 \text{ mm}$$

$$OO' = 25 + 2 \times 10{,}5 = 46 \text{ mm}$$

Nous aurons l'occasion de donner d'autres applications mécaniques dans lesquelles interviendront divers calculs de tangentes.

Chapitre II

Sinus. — Cosinus. — Corde. — Sécante. Applications

84. Sinus

Considérons (fig. 55) une circonférence de rayon OD et sur ce cercle un arc DC dont l'origine est au point D.

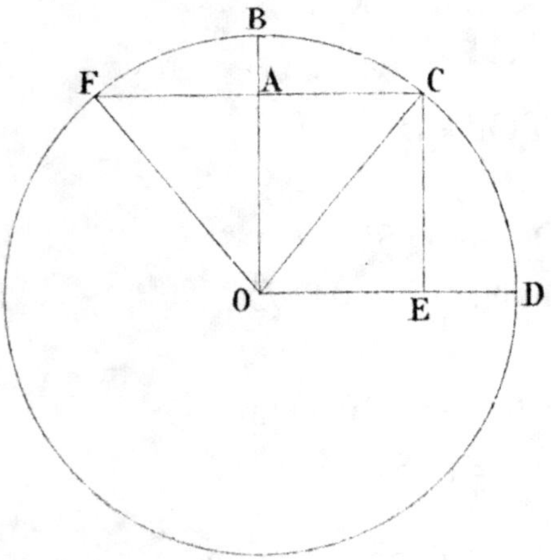

Fig. 55

Traçons les rayons OD et OC, et du point C abaissons la perpendiculaire CE sur le rayon OD passant par l'origine.

Le rapport CE / OD de la perpendiculaire au rayon est le sinus de l'arc DC ou de l'angle COD, et on écrit sin COD. A mesure que l'angle COD augmente, le sinus grandit ; quand COD vaut 90°, le sinus est égal au rayon OD ; si le rayon est l'unité, le sinus = CE.

La relation

$$\sin COD = CE / OD$$

peut s'écrire

$$CE = OD \sin COD$$

Dans un triangle rectangle, le sinus d'un angle aigu est égal au quotient du coté opposé par l'hypoténuse ; un coté quelconque est égal au produit du sinus de l'angle opposé par l'hypoténuse.

85. Corde

La corde d'un arc est le rapport de la droite joignant les extrémités de l'arc au rayon. Dans la figure 55 la corde de l'arc FBC est le rapport FC / OC .

Mais FC = 2AC ; d'autre part :

$$\sin AOC = AC / OC$$

qu'on peut écrire :

$$AC = OC \sin AOC$$

donc

$$FC = 2 \times OC \sin AOC$$

et

$$FC / OC = 2 \sin AOC$$

La valeur d'une corde est égale au double du sinus de la moitié de l'angle compris entre le rayon passant par les extrémités de l'arc sous-tendu.

86. Problème

Quelle est, sur une circonférence, la distance linéaire entre quatre points équidistants ? Soient (fig. 56) A B... les quatre points équidistants. La plus courte distance entre deux points successifs A et B est la droite AB égale au double sinus de l'angle COB, moitié de l'angle AOB ; AOB vaut 90°; sa moitié est 45°. Le sinus d'un angle de 45° (voir les tables), est égal à 0,70711. On peut écrire :

$$AB / AO = 2 \times 0{,}70711 = 1{,}41422$$

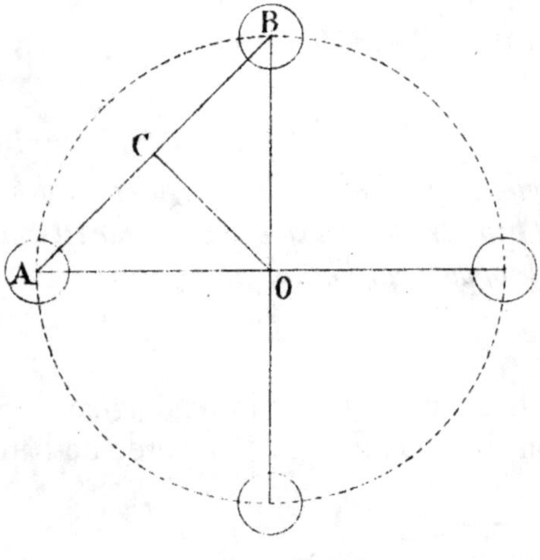

Fig. 56

Si le rayon AO = 0,10 m, la longueur de la corde sera : AB = AO x 1,414 = 0,10 m x 1,414 = 0,141 m.

La question précédente peut être généralisée au cas d'une pièce cylindrique qui devrait être taillée en facettes égales et régulières ; déterminer la distance qui sépare deux arêtes consécutives connaissant le diamètre du cylindre. Une section droite sur l'axe du cylindre fournit, la pièce étant finie, une figure constituée d'un certain nombre de côtés et qu'on appelle un polygone régulier. Supposons qu'on veuille raboter 10 facettes. L'angle au centre correspondant à une facette ou à deux sommets consécutifs du polygone est égal à 360° / 10 = 36° ; la moitié de cet angle est 18°, dont le sinus (voir les tables) est égal à 0,309 ; le double est 0,618.

Si le diamètre du cylindre est de 0,12 m, son rayon vaut 0,06 m et la longueur d'une corde :

0,12 m x 0,618 = 0,074 m

Nous avons vu (n° 27, Partie I) que le profil d'une fraise à crémaillère s'obtient en construisant un cercle quelconque OABA' (fig. 7) et en portant à partir du point B, extrémité d'un diamètre, des longueurs BA et BA' égales à la moitié du rayon ou au quart du diamètre ; on conduit les droites OA et OA' qui constituent les faces de la fraise. En effet, si l'angle AOB vaut 14,5°, son complément, compris entre le côté OA et la perpendiculaire au point O sur le diamètre BO, c'est-à-dire l'angle compris entre AO et la ligne de division, vaut. 90° -14,5° = 75,5°, valeur que nous avons adoptée pour l'inclinaison des dents d'une crémaillère.

Il reste à établir que l'angle BOA vaut bien 14,5°. Soit 2R la valeur du diamètre OB ; AB = ¼2R = R/2 et AB/2 = R/4 = R x sin de la moitié de l'angle au centre. On a :

Sin de la moitié de l'angle au centre = R/4 1/R = ¼ = 0,25. L'angle dont le sinus vaut 0,25 est égal à 14°30' (voir les tables). L'angle AOB, qui est la moitié de l'angle au centre, a donc pour valeur 14,5°.

On prouverait par un raisonnement analogue que l'angle *abb'* de la figure 6 vaut bien 75,5.

87. Cosinus

Revenons à la figure 55 et considérons à nouveau l'angle COD ; on appelle cosinus de l'angle COD et on écrit cos COD le rapport OE / OD donc :

$$\cos COD = OE / OD$$

ou

$$OE = OD \times \cos COD$$

Le cosinus d'un angle aigu dans un triangle rectangle est le quotient du côté adjacent par l'hypoténuse ; le côté adjacent à un angle aigu est égal au produit du cosinus de l'angle adjacent par l'hypoténuse.

Remarquons l'égalité OE = AC ; on peut écrire :

$$\cos COD = AC / OD$$

mais :

$$AC / OD = AC / OC = \sin AOC$$
$$AOC = AOD - COD = 90° - COD$$

Le cosinus d'un angle est égal au sinus de son complément ; réciproquement, le sinus d'un angle est égal au cosinus de son complément.

Plus un angle augmente, plus son cosinus diminue ; si l'angle est égal à 90°, son cosinus est nul.

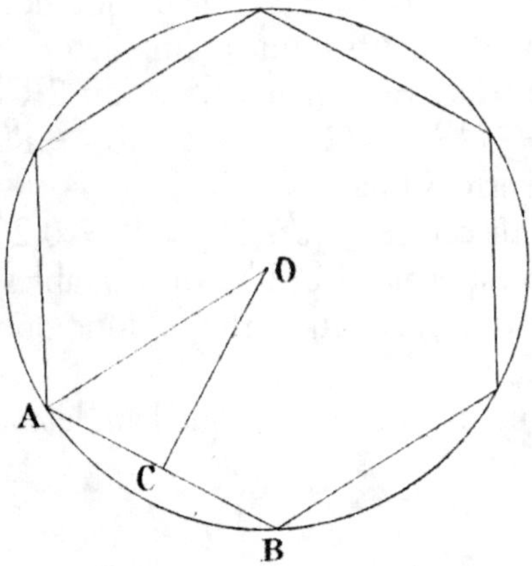

Fig. 57

La notion du cosinus permet de déterminer le diamètre minimum d'une pièce dont la section droite est un polygone régulier. La section polygonale régulière de la figure 57 est composée de 6 côtés ; c'est un hexagone ; le diamètre minimum est la droite perpendiculaire sur deux faces opposées ou 2 OC. Mais OC = OB cos COB ; l'angle COB est la moitié de l'angle AOB qui vaut 360° / 6 ; COB = 360° / 2 x 6 = 30° = 0,866 (voir tables).

2 OC = 2 x OB x 0,866

Soit OB = 0,10 m :

2 OC = 2 x 0,1 x 0,866 = 0,173 m

88. Sécante (fig. 58)

Considérons l'angle au centre COB ; on appelle sécante de cet angle et on écrit séc. COB le rapport OB / OC, OC étant le rayon de la circonférence, OB la distance du centre à l'extrémité de la tangente. On écrit :

sec. COB = OB / OC

ou

OB = OC sec. COB

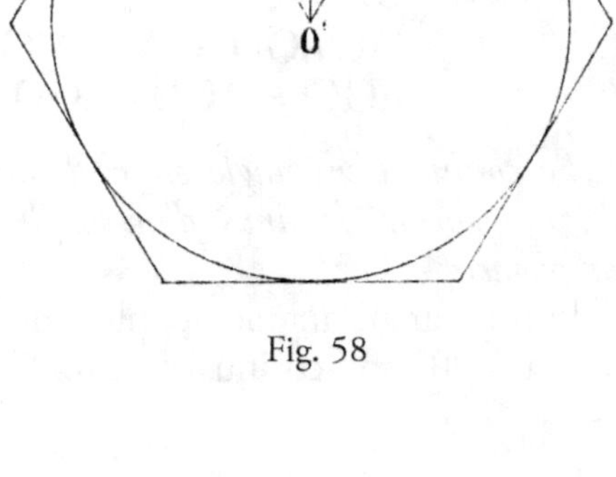

Fig. 58

La sécante d'un angle aigu dans un triangle rectangle est égale au quotient du côté adjacent par l'hypoténuse ; l'hypoténuse est égale au produit de la sécante de l'angle qu'elle forme avec un côté par ce côté.

La sécante croit avec l'angle ; quand ce dernier atteint 90°, la sécante est égale à l'∞, en même temps que la tangente.

La notion de sécante facilite la résolution du problème suivant : étant donnée la plus courte distance entre les facettes opposées d'une pièce dont la section droite est un polygone régulier, quel est le diamètre que doit avoir la pièce avant le rabotage des facettes ?

Figure 58. 2 OC = cm ; quelle est la valeur de OB ? On a :

$$OB = OC \text{ séc. } COB$$

$$OC = 10 / 2 = 5 \text{ cm}$$

$$\text{sec. } COB = \text{séc. } (AOB / 2) = \text{sec. } 360 / 12 = \text{sec. } 30°$$

Les tables donnent séc. 30° = 1,1547

d'où

$$OB = 0{,}05 \times 1{,}1547 = 0{,}0577$$

89. Sinus verse

On appelle *sinus verse* de l'angle COD (fig. 55) le rapport ED / OD ; ED est la différence entre le rayon et le cosinus de l'angle considéré. Le sinus verse n'est pas donné dans les tables ; on l'obtient en soustrayant de l'unité la valeur du cosinus.

90. Calculs de l'épaisseur et de la hauteur d'une dent

Un engrenage étant donné (fig. 59), on peut calculer très exactement la corde AB de l'arc de cercle primitif intercepté par une dent ainsi que la flèche H de cette corde. Si l'on mesure avec un vernier l'épaisseur d'une dent, c'est en réalité la corde T dont on détermine la longueur et elle peut différer sensiblement de l'arc AB qui définit, en principe, l'épaisseur de la dent ; de même, c'est la distance de la corde T à l'extrémité de la dent que l'on mesure et non la distance du cercle primitif au cercle de couronne, laquelle est égale, comme on sait, à *s* ou au module *a*. Dans l'exécution

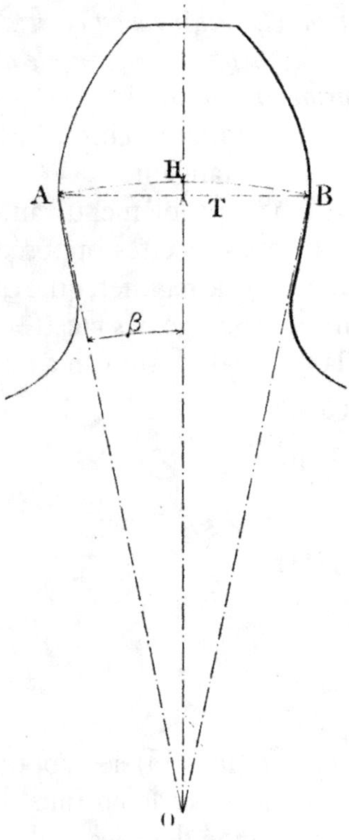

Fig. 59

du dessin des dents pour faire la division du cercle, c'est la corde T que l'on porte avec le compas et non l'arc. Il y a donc lieu de faire une rectification d'autant plus grande que le pas est plus grand. Si la division est assez petite pour qu'on puisse confondre l'arc avec son sinus, il n'y a pas lieu de tenir compte de cette rectification. L'angle au centre correspondant à l'arc intercepté est 2β ; la moitié de cet angle est β.

Appelons :

N, le nombre de dents ;

T, la longueur de la corde AB ;

H, la flèche de l'arc ATB ou sinus verse de l'angle β ;

D, le diamètre primitif ;

R, le rayon primitif.

Le triangle rectangle ATO fournit la relation :

$$\frac{1}{2} T = R \sin \beta$$

ou

$$T = 2R \sin \beta$$

La flèche $H = R - OT = R - R \cos \beta = R (1 - \cos \beta)$. Les deux formules précédentes permettent de calculer T et H. L'angle au centre de 360° ou d'une circonférence complète correspond à N dents ; la longueur d'une dent est égale à celle d'un vide ; l'angle intercepté par un vide vaut donc l'angle intercepté par une dent, et 360° correspondent exactement à 2N divisions circulaires ; une division circulaire 2β correspond à 360 / 2N = 180 / N et l'angle β à 180 /2N = 90° / N.

Soit un engrenage de 30 dents module 4 ; l'angle $\beta = 90° / 30 = 3°$; $\sin \beta = \sin 3° = 0{,}052$; $D = aN = 4 \times 30 = 120$ mm ; $R = 60$ mm.

$$T = 2 \times 60 \times 0{,}052 = 6{,}24 \text{ mm}$$

L'épaisseur réelle de la dent est :

$$t = \tfrac{1}{2} P' = \tfrac{1}{2} \pi a = \tfrac{1}{2}\, 3{,}1416 \times 4 = 2 \times 3{,}1416 = 6{,}2832$$

soit $^{4}/_{100}$ plus épaisse. Plus le module grandit, plus cette différence est marquante.

$$H = R\,(1 - \cos \beta) = 60\,(1 - \cos 3°)$$
$$\cos 3° = \sin (90° - 3°) = \sin 87° = 0{,}998$$
$$1 - \cos 3° = 1 - 0{,}998 = 0{,}002$$
$$H = 60 \times 0{,}002 = 0{,}12 \text{ mm}$$

Si l'on voulait former un tableau des valeurs de T et de H, il suffirait de calculer ces éléments pour tous les engrenages de module 1 ; on multiplierait ensuite les valeurs obtenues et classées par la valeur du module considéré. Si on avait à calculer H et T pour un engrenage de 45 dents module 6, on multiplierait les valeurs du tableau relatives aux engrenages de 45 dents module 1, par 6.

Chapitre III

Diamètres et angles d'une roue conique en fonction des lignes trigonométriques

91. — Les calculs que nous allons effectuer s'appliquent uniquement aux engrenages coniques dans lesquels l'angle $c'Oi$ (fig. 60) est inférieur à 90°.

Nous avons représenté sur cette figure, à une certaine échelle, un pignon cône de 20 dents 4P engrenant sur une roue de 28 dents ; les axes sont perpendiculaires l'un sur l'autre. Nous renvoyons pour le tracé au chapitre X, Partie I.

Prolongeons le rayon $Om'm$ jusqu'à sa rencontre avec la droite ab. L'angle $c'Oi$ que fait la ligne conique de division avec l'axe s'appelle *angle au sommet.*

L'angle au sommet est égal à l'angle de la face extérieure $c'ic$, car $c'i$ est perpendiculaire sur $c'O$ et mc sur Oi. On sait que deux angles sont égaux quand leurs côtés sont perpendiculaires chacun sur chacun.

Nous pouvons écrire :

$$\text{tg}\ c'Oi = c'i\ /\ Oc'$$

Mesurons $c'i$ et Oc' sur l'épure et divisons la première de ces dimensions par la seconde ; nous trouvons :

$$\text{tg}\ c'Oi = 0{,}71428$$

Cherchons l'angle correspondant dans la table des tangentes ; nous obtenons très approximativement *c'*O*i* = 35°30' qui est en même temps la valeur de l'angle de la face extérieure.

Quand les axes sont normaux, l'angle de la face extérieure du pignon est le complément du même angle dans l'engrenage. Dans le cas actuel, l'angle de la face extérieure de l'engrenage est 90° - 35°30' = 54,5°.

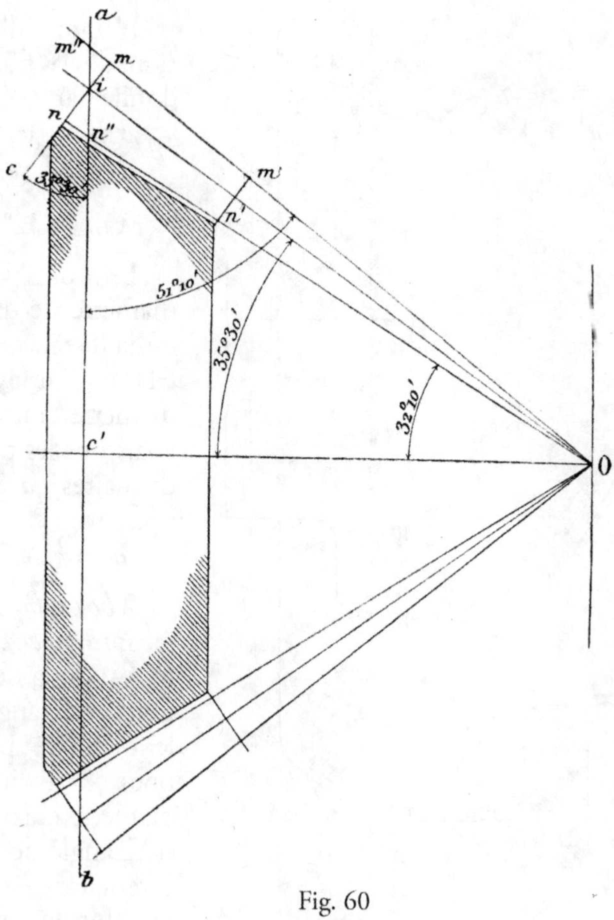

Fig. 60

Pour avoir l'angle des dents écrivons :

$$\operatorname{tg} Om''c' = c'O \,/\, m''c'$$

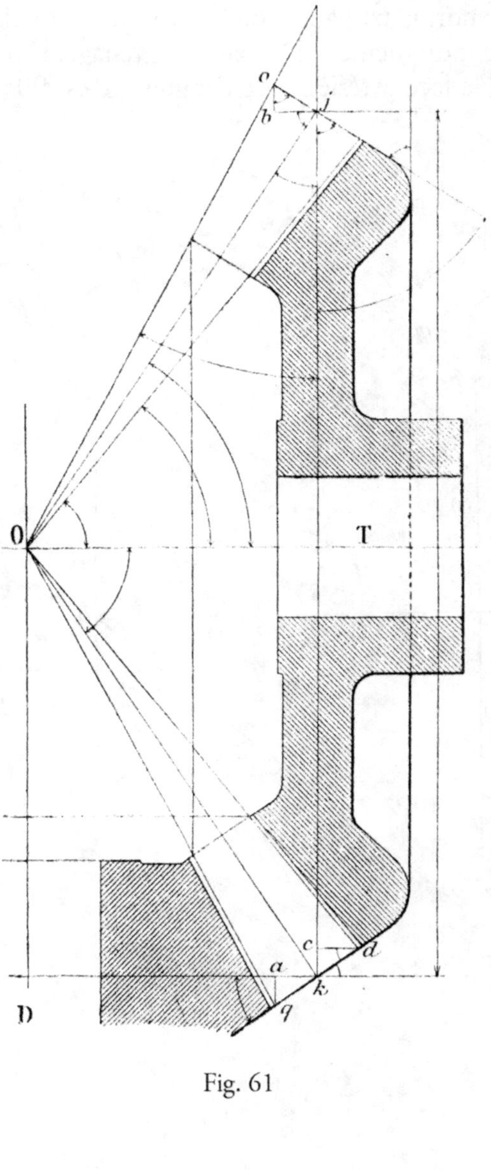

Fig. 61

Mesurons $c'O$ et $m''c'$ et calculons leur rapport qui est 1,2411 ; $Om''c$ = 51° 10'.

L'angle d'opération de la fraise est donné par :

$$\operatorname{tg} c'On'' = c'n'' \,/\, cO' = 0{,}62857$$

$$c'On'' = 32°\ 10'$$

Le plus grand diamètre de division est la distance *kj* (fig. 61) ; pour avoir le diamètre maximum abaissons les perpendiculaires *qa* et *ob* ; nous avons :

$$qo = kj + 2bo$$

2 *bo* ou *bo* + *aq est le surdiamètre* (voir n° 44) ou la quantité dont on augmente le diamètre primitif pour avoir le diamètre maximum.

L'angle de la face extérieure est celui que forme *oja* avec *kj* ; cet angle est égal à l'angle *boj* car leurs côtés sont parallèles deux à deux. Or on a :

$$bo = oj \cos boj$$

oj = *s* ou *a*. *Le surdiamètre est égal au double produit du module par le cosinus de l'angle de la face extérieure.*

On peut dire aussi que *le diamètre maximum est égal au diamètre primitif plus deux fois le produit du module par le cosinus de l'angle formé par la génératrice du cône primitif et l'axe de la roue.*

Cherchons la valeur de l'angle *boj* par celle de sa tangente ; nous trouvons *boj* = 56°20' ; cos 56°20' = 0,55436 ; la valeur de *s* pour une roue 4P = 2"/3.

2*bo* = ⅔ x 0,55436 = 0,37" approximativement.

Le diamètre primitif *kj* (fig. 61) est le quotient du nombre de dents par le pas diamétral = 6". Le diamètre maximum *qo* = 6 + 0,37" = 6,37".

Cherchons le diamètre maximum du pignon.

Son diamètre primitif est 4" ; ajoutons-y le double de la longueur *cd*= *kd* cos *cdk* ; *cdk* = l'angle au sommet du pignon ; si les axes se coupent à angle droit, *cdk* est le complément de l'angle au sommet de l'engrenage. L'angle au sommet du pignon = 33°40'; cos 33°40 = 0,882 ; finalement on trouve, pour le diamètre maximum du pignon, 4,555".

Il suffit que la couronne d'une roue conique soit tournée à 2 dixièmes de millimètre près.

L'angle *o*O*j* s'appelle *l'accroissement* de l'angle au sommet *jo*T. Quand les axes sont à angle droit, l'angle des dents est égal à la différence entre l'angle au sommet de la seconde roue et l'accroissement d'angle. On a :

O*jk* - *o*O*j* = angle des dents

car O*jk* = TO*k*. De même l'angle au sommet, diminué de l'accroissement d'angle, est égal à l'angle de la face extérieure. Le triangle O*oj* est rectangle. On peut écrire :

tg *o*O*j* = *oj* / O*j*

d'où la valeur de *o*O*j* : on peut, d'autre part, calculer la longueur du côté O*j* sans la mesurer sur le dessin ; on a, en effet,

$$Oj = R / \cos Ojk$$

R étant le rayon primitif.

En soustrayant la valeur de l'accroissement des angles au sommet de l'engrenage et du pignon on obtient l'angle de la face extérieure de chacune des roues. On trouve qu'ils ont respectivement pour valeur 51° et 28° 20'.

Lorsque les axes sont à angle droit, l'angle des dents de l'engrenage est égal à l'angle de la face extérieure du pignon ; ces derniers ont donc les valeurs réciproques 28°20' et 51°.

92. Construction d'un angle par la valeur de son sinus

Au lieu de construire un angle avec le rapporteur ou par la valeur de sa tangente on peut l'établir en construisant son sinus. Avec un rayon de 5 cm (fig. 62) décrivons la circonférence OAB ; marquons les points A et B avec une ouverture de compas égale à 10 fois la valeur du sinus de l'angle à dessiner ; joignons A et B avec un point quelconque O de la circonférence, par les droites AO et BO ; AOB est l'angle cherché.

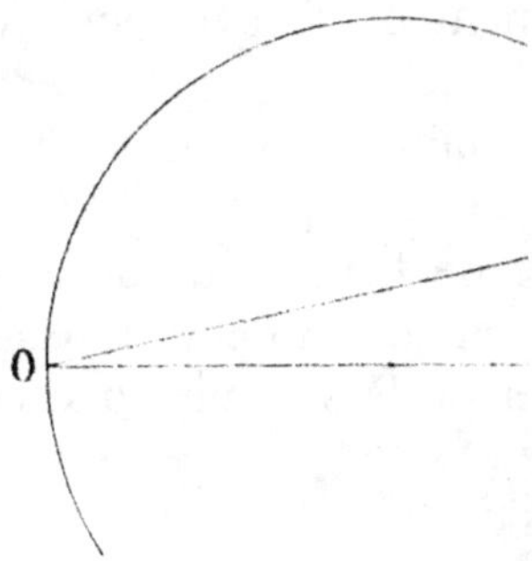

Soit à représenter un angle de 12° ; sin 12° = 0,20791 ; 10 sin 12° = 2,079 cm soit très approximativement 2,08 ou 20,8 mm = AB.

On pourrait prendre, pour diamètre de la circonférence, toute autre valeur décimale que 10 cm, à condition d'en tenir compte pour le multiplicateur du sinus.

Si l'une des droites, OB par exemple, passe par le centre, l'angle OAB est droit.

Chapitre IV

Des engrenages hélicoïdaux

Calcul du pas de l'hélice

93. Définitions

Lorsque les dents d'une roue ne sont pas droites comme celles d'un engrenage droit ou conique mais affectent la forme d'une spirale ou d'un ressort à boudin, la roue prend le nom d'*engrenage hélicoïdal.*

Il n'est pas nécessaire que la roue soit actionnée par une vis pour être hélicoïdale ; nous avons notamment représenté (fig. 63) trois engrenages hélicoïdaux disposés de façons diverses.

La manière dont les dents d'une roue agissent sur celles de l'autre varie avec la position respective des axes. Soient deux roues hélicoïdales C et B ; l'avancement de la roue B par la roue C est analogue à celui de deux roues droites à axes parallèles ; c'est un roulement de deux surfaces l'une sur l'autre ; l'avancement de la roue A par la roue B est au contraire analogue à celui d'un écrou sur sa vis ; il se produit un glissement longitudinal des dents.

Supposons une roue hélicoïdale posée à plat sur une table ou un boulon posé verticalement sur sa tête. On appelle hélice droite celle qui est dirigée de gauche à droite à partir du bas. L'hélice est gauche quand le filet se dirige de droite à gauche à partir du bas.

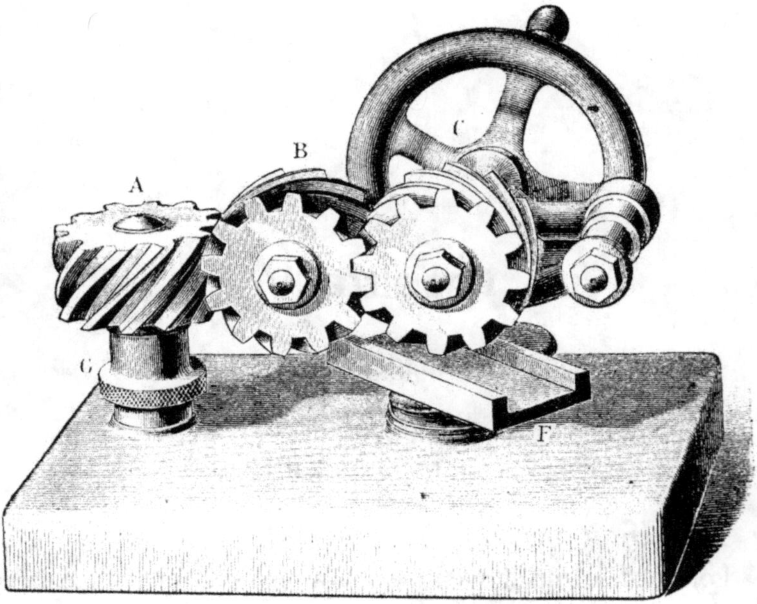

Fig. 63

Si deux roues hélicoïdales engrenant ensemble ont leurs axes parallèles, leurs dents devront être en hélice à filets opposés. La roue B de la figure 63 a le pas à droite tandis que la roue C a le pas à gauche. Si les axes des deux roues se croisent à angle droit, comme c'est le cas des roues A et B, les pas sont de même sens, tous deux à gauche ou tous deux à droite ; seul le sens de la rotation varie.

Nous aurons l'occasion de démontrer ces propriétés.

94. Pas de l'hélice

On appelle *pas de l'hélice* la distance linéaire d'une spire à la suivante ; c'est la quantité rectiligne dont une hélice avance par tour.

Si on visse un écrou sur un boulon fixe, à chaque tour l'écrou avance d'une longueur linéaire égale au pas de l'hélice qui constitue le filet. Réciproquement, l'écrou étant fixe, si on tourne le boulon il avance à chaque tour d'une longueur égale au pas de l'écrou ou du boulon. La quantité linéaire dont avance l'écrou ou le boulon par tour est évidemment d'autant plus grande que le pas est plus grand ou que l'hélice est plus allongée.

Une roue hélicoïdale n'est pas autre chose qu'une vis à long pas et une vis n'est qu'une hélice à court pas. Une hélice qui avance de 1 cm par tour a un pas de 1 cm. Une vis se définit par le nombre de filets par centimètre ou par pouce ; on dit une vis de 3 filets par centimètre, une vis de 7 filets par pouce. Mais une roue hélicoïdale se définit par la longueur du pas.

Afin de mieux nous rendre compte de la valeur relative des éléments des roues hélicoïdales nous allons faire une construction qui ramène leur étude à celle d'un triangle rectangle.

Découpons dans du papier un rectangle ayant 10 cm de base sur 7 de hauteur

Enroulons ce rectangle sur lui-même de façon à former un cylindre dont la base a une longueur égale à 10 cm et dont la hauteur est de 7 cm et collons. Le diamètre de la base est donné par la formule :

$$\pi D = 10$$

ou

$$D = 10 / 3{,}1416 = 10 \text{ x } 0{,}3188 \text{ cm}$$

Découpons aussi dans du papier un triangle rectangle dont l'un des côtés a 10 cm de longueur et l'autre 7 cm. Enroulons ce triangle sur le cylindre de façon que le côté de 10 cm coïncide avec la circonférence de base, le côté de 7 cm étant dans le sens des génératrices ou de l'axe. L'hypoténuse présente alors une forme hélicoïdale (fig. 64). Le pas de l'hélice est le côté OE = 7 cm ; l'angle EOF que forme l'hélice avec la génératrice s'appelle l'*angle d'inclinaison de l'hélice* ; le pas EO est le *côté adjacent à l'angle d'inclinaison* ; la circonférence de base du cylindre est le *côté opposé à l'angle d'inclinaison.* Si nous appelons α l'angle d'inclinaison, nous pouvons écrire :

$$tg\,\alpha = \pi D / P$$

D étant le diamètre du cylindre, *p* le pas de l'hélice.

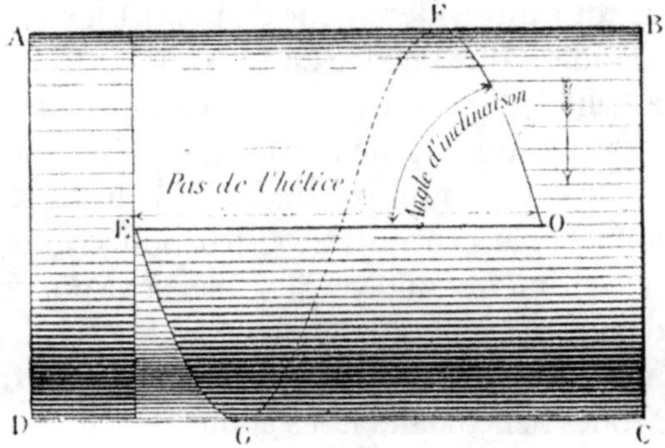

Fig. 64

La tangente de l'angle d'inclinaison d'une hélice est égale au quotient de la circonférence du cylindre sur lequel elle est enroulée par la longueur du pas.

Le pas est égal au quotient de la circonférence par l'angle d'inclinaison.

La circonférence du cylindre est égale au produit du pas par la tangente de l'angle d'inclinaison.

L'angle d'inclinaison est compté sur le cylindre qui a pour base le cercle primitif et non le cercle de couronne.

De deux hélices enroulées sur des cylindres de diamètres différents mais ayant le même pas, celle qui a le plus petit diamètre a aussi l'angle d'inclinaison le plus petit.

En effet, si les hélices ont le même pas, *p* est constant et la formule $tg\,\alpha = \pi D / P$ montre que plus D est grand plus α l'est aussi car la tangente d'un angle croît avec lui.

Il nous reste à démontrer quelques propriétés intéressantes des roues hélicoïdales.

Considérons deux axes supposés horizontaux et se croisant suivant un angle β. Si les axes ne sont pas horizontaux, l'angle β est compris par les projections des arbres sur un plan perpendiculaire à la plus courte distance qui les sépare. Ces axes sont réunis par des roues hélicoïdales dont les angles d'inclinaison sont respectivement α et α_1. Pour que l'engrènement soit correct, il convient que les deux hélices aient, au point de contact, un élément commun, c'est-à-dire qu'en ce point, la tangente doit être commune aux deux hélices.

Cette condition doit être réalisée pour que le glissement puisse se produire dans la direction des dents et les dents doivent être établies de manière à assurer ce glissement. On verrait aisément, au moyen d'une petite épure, que cette condition est réalisée par la relation suivante :

$$\alpha + \alpha_1 = \beta$$

Donc, *quand les axes de deux roues hélicoïdales se croisent, la somme des angles d'inclinaison doit être égale à l'angle des axes.*

Si β, ou l'angle des axes, est égal à 90°, c'est-à-dire si les axes se coupent à angle droit, il vient :

$$\alpha + \alpha_1 = 90°$$

Quand les axes sont à angle droit, la somme des angles d'inclinaison doit être égale à 90° ou les angles d'inclinaison doivent être complémentaires l'un de l'autre.

Il n'y a pas de raison pour que les angles d'inclinaison soient les mêmes, mais la formule montre que ces angles ont une valeur positive, c'est-à-dire que les hélices doivent être toutes deux à droite ou toutes deux à gauche. Si l'une des roues doit toujours conduire l'autre, il convient nécessairement que l'engrenage moteur ait un angle d'inclinaison d'hélice plus grand que celui de l'engrenage mû.

Si les axes sont parallèles, $\beta = 0$ et $\alpha + \alpha_1 = 0$ ou encore $\alpha = - \alpha_1$

Dans le cas d'axes parallèles, les angles d'inclinaison doivent avoir la même valeur ; de plus, ces angles doivent être de signes contraires ou les hélices doivent être opposées, l'une à gauche et l'autre à droite.

Le sens de l'hélice de l'engrenage moteur et le sens de rotation de ce dernier indiquent le sens de rotation de l'engrenage mû.

Les engrenages hélicoïdaux à axes parallèles possèdent certaines propriétés intéressantes que nous allons faire ressortir.

Quand deux roues hélicoïdales à axes parallèles engrènent, celle qui a le plus grand diamètre a aussi le plus grand pas. Deux roues à axes parallèles ont leurs angles d'inclinaison égaux. La formule tg$\alpha = \pi D/P$ montre D' et p', D" et p'' étant les éléments de chacune des roues, que l'on a :

$$\operatorname{tg} \alpha = \operatorname{tg} \alpha_1 = \frac{\pi D'}{p'} = \frac{\pi D''}{p''}$$

ou

$$\frac{D'}{p'} = \frac{D''}{p''}$$

ou encore

$$\frac{D'}{D''} = \frac{p'}{p''}$$

Si D' est plus grand que D", p' est plus grand que p'' et la roue de plus grand diamètre a le plus grand pas.

Si deux roues à axes parallèles ont le même nombre de dents, le pas des hélices est le même ; mais si le nombre de dents est plus grand sur l'une des roues que sur l'autre, celle qui a le plus grand nombre de dents a aussi le plus grand pas.

En effet, deux roues à axes parallèles ont le même angle d'inclinaison ; on a :

$$\operatorname{tg} \alpha = \operatorname{tg} \alpha_1 = \frac{\pi D}{p} = \frac{\pi D'}{p'} \text{ ou } \frac{D}{D'} = \frac{p}{p'}$$

Soient z et z' les nombres de dents de chacune des roues, n et n' les nombres de tours par minute. Il vient :

$$\frac{z}{z'} = \frac{n'}{n} = \frac{D}{D'} = \frac{p}{p'}$$

$$\text{Si } z = 50 \text{ et } z' = 25,\ p = p' \frac{50}{25} = 2\,p' ;\ D = \frac{z}{z'} D' \text{ et } D = 2D'$$

Dans les roues à axes non parallèles les diamètres primitifs ne sont pas proportionnels aux nombres de dents.

Chapitre V

Exemple de calcul d'une roue hélicoïdale

95. – Le calcul des éléments d'une roue hélicoïdale dépend des fonctions trigonométriques.

Si deux engrenages hélicoïdaux à axes parallèles doivent engrener l'un sur l'autre, l'angle d'inclinaison de leurs hélices doit être le même, sans quoi l'engrènement serait incorrect.

Si le sens des hélices est le même, soit de droite, soit de gauche, l'angle que comprennent entre eux les axes des roues est égal à la somme des angles d'inclinaison.

Quand les roues ont des hélices de sens contraires, l'une à gauche, l'autre à droite, l'angle compris par leurs axes est égal à la différence des angles d'inclinaison.

Reportons-nous à la figure 63. Les roues A et B ont des hélices à droite ; chacun des angles d'inclinaison est de 45° ; leur somme vaut 90° et les axes des roues se coupent à angle droit. Les roues B et C ont, au contraire, leurs hélices de sens opposés quoique toujours à 45° ; la différence des angles 45 - 45 = 0 ; on dit que deux axes font entre eux un angle nul quand ils sont parallèles ; c'est bien ce qui a lieu pour les axes des roues B et C.

Si deux roues hélicoïdales à axes parallèles engrenant ont le même nombre de dents, le pas de leurs hélices est le même ; mais si les deux roues ont des nombres de dents différents, celle qui à le plus de dents a le plus grand pas.

Ainsi, un engrenage hélicoïdal de 25 dents engrenant sur une roue de 50 dents a un pas deux fois plus petit que le pas de la roue de 50 dents ; le diamètre du cercle primitif de cette dernière roue est aussi deux fois plus grand.

Des hélices à 45° ne peuvent exister que sur des cylindres dont la base a pour longueur la valeur du pas. En effet, la tangente d'un angle de 45° est égale à l'unité ; on peut donc poser :

$$\text{tg}\ \alpha = \pi D/p = 1$$

d'où :

$$\pi D = p$$

La longueur d'une base doit parfois être modifiée afin de pouvoir correspondre au pas que la machine dont on dispose peut réaliser. S'il s'agit de construire deux roues qui devront fonctionner dans un rapport de vitesses déterminé, il convient de fixer son choix sur des hélices que peut tracer la machine ; on calcule ensuite les autres éléments.

La détermination des éléments d'une roue hélicoïdale ne présente aucune difficulté particulière mais il faut un peu d'adresse précisément pour rendre le travail à exécuter adéquat à la machine et aux fraises que l'on possède. C'est ici que la question des calibres a son importance. Il est toujours prudent, avant de tailler une série de roues, de faire quelques passes sur une pièce d'essai afin de déterminer la position de l'outil qui réalise l'hélice convenable ; on estampille sur cette pièce, qui reste comme calibre, les données d'essai et on la met précieusement de côté ; si éventuellement la même série se présente on n'a plus ainsi d'essais plus ou moins longs à répéter. La confection des calibres constitue peut-être une légère perte de temps mais cette perte est largement compensée par les bénéfices ultérieurs.

96. Exemple de calcul

Il s'agit de construire une paire de roues hélicoïdales à axes parallèles dans le rapport de vitesses $^4/_1$, la distance des centres étant de 80 mm. Les formules du n° 63 permettent de calculer la valeur de chacun des diamètres primitifs : ils sont respectivement égaux à 130 et 30 mm. Adoptons, pour valeur du pas, sur la petite roue, 305 mm ; le pas de la grande roue sera 305 x 4 = 1 220 mm. La circonférence primitive de la roue de 130 mm est $\pi D = 3{,}1416 \times 130 = 390$ mm. On peut écrire :

$$tg\ \alpha = 390 \times 1220 = 0{,}32714$$

L'angle le plus rapproché dans la table des tangentes est 18°10'. L'hélice de la petite roue devra avoir la même inclinaison.

Ces inclinaisons sont relatives aux cylindres primitifs.

Or l'angle d'inclinaison au fond du filet est plus petit qu'à l'extrémité de la dent ; on s'en rendra compte sur la figure 65 qui représente une vis et où on peut constater que l'angle A*fb* est plus petit que l'angle A*gd*.

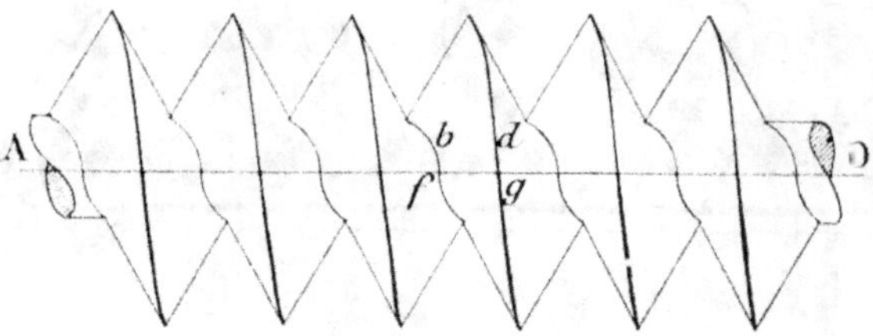

Fig. 65

Dans le fraisage à la fraise à profil constant, il convient de prendre cette variation d'inclinaison en considération afin d'éviter de détériorer la denture à l'entrée et à la sortie de la fraise. On effectue, dans chaque cas, des défonçages d'essais ; les résultats sont notés sur les calibres.

La taille des roues hélicoïdales à la fraise à profil constant présente certains avantages ; une fraise à profil constant conserve son tranchant plus ou moins longtemps et elle opère avec rapidité. S'il s'agit de pignons à petit nombre de dents, le dégagement peut être difficile ; on emploie dans ce cas une fraise très mince ou une fraise de forme spéciale, mais la fraise à profil constant ne présente généralement pas de difficultés pour les formes en développante.

97. Calcul du pas de l'hélice

Sur un cylindre primitif de diamètre égal à 50 mm, il s'agit de former une denture hélicoïdale dont l'angle d'inclinaison est de 20°; quel est le pas de l'hélice ? La tangente de 20° est 0,36397 ; la longueur de la circonférence primitive a pour mesure 3,14 x 50 = 157 mm ; le pas sera :

$$p = 157 / 0{,}36397 = 432 \text{ mm.}$$

Avant de commencer la taille d'une roue hélicoïdale il est prudent de marquer avec la fraise, sur le cylindre de couronne, l'empreinte de l'hélice ; on évite ainsi tout aléa.

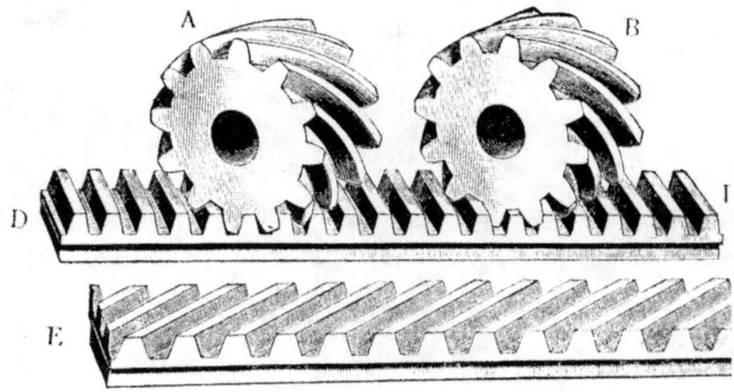

Fig. 66

Des roues comme celles de la figure 66 engrènent sur des crémaillères ; on pourrait donc les tailler avec un outil dont le profil serait celui d'une crémaillère. Les roues à filet mince notamment peuvent être exécutées avec un long outil de forme spéciale tranchant sur un côté comme l'outil de côté d'un tour ; la roue est retournée pour finir le second côté.

Les roues hélicoïdales, comme nous avons vu, sont taillées sur des fraiseuses universelles ou sur des machines spéciales comme celle de Biernatzki. Gould et Eberhardt ont établi, pour tailler ces roues, une machine dont, la production est relativement considérable.

Chapitre VI

Des pas et des modules apparents dans les engrenages hélicoïdaux

98. — La normale en un point d'une courbe plane est la perpendiculaire élevée sur la tangente menée à la courbe au point de contact.

La droite BC (fig. 67) est tangente à la courbe DEF au point E ; la droite OA, perpendiculaire sur BC au point de contact E, est la normale de la courbe au point E.

La figure 68 représente le cylindre primitif d'une roue hélicoïdale ; A' D' C' est le pas circonférentiel ; ADC est la projection de ce pas.

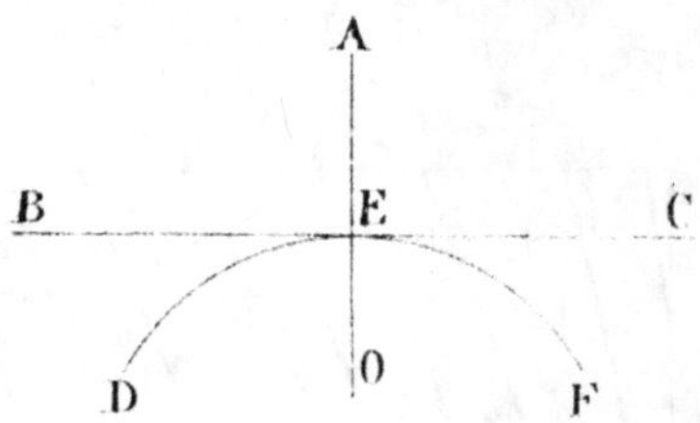

Fig. 67

Supposons que AD soit une dent et DC un vide ; pour creuser le vide DC nous centrons la fraise par rapport à la ligne pointillée *ab*. La distance la plus courte entre deux dents est la droite AEB, perpendiculaire sur les côtés des dents sur le cylindre primitif, et non la longueur ADC comptée sur le même cylindre. Conduisons de proche en proche les normales successives aux côtés des dents ; nous obtenons une courbe dessinée en pointillé, que l'on appelle *hélice normale* ou *orthogonale.* La longueur AEB, mesurée sur l'hélice normale, se nomme le *pas normal* ou *réel* de la roue.

Le pas normal ou réel d'un engrenage hélicoïdal est la distance la plus courte entre les axes de deux dents consécutives mesurée sur le cercle primitif.

Dans un engrenage droit, le pas réel est égal au pas circonférentiel ; il en est de même dans la crémaillère DD de la figure 66.

Si l'on creusait les vides DC (fig. 68) avec une fraise dont l'épaisseur serait celle de la dent ou la moitié DC du pas circulaire, comme cela se fait pour un engrenage droit, ces vides seraient trop larges et les dents trop minces. Les roues hélicoïdales doivent être taillées avec des fraises plus minces que celles qui taillent des engrenages droits de même pas circonférentiel. L'angle CAB est l'angle d'inclinaison de l'hélice. On a l'égalité :

AEB = AC cos CAB.

Le pas réel ou normal est égal au produit du pas circulaire par le cosinus de l'angle d'inclinaison de l'hélice.

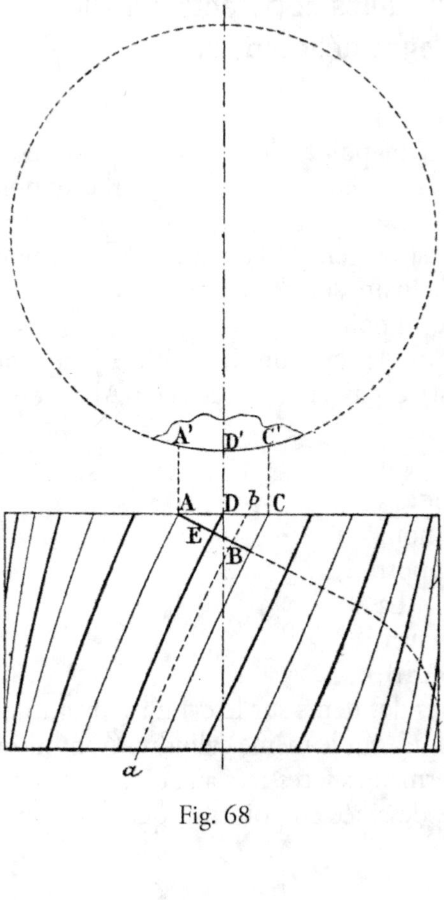

Fig. 68

La moitié du pas normal est l'épaisseur de la fraise au cercle primitif. La formule ci-dessus devient :

$$AC = AEB / \cos CAB$$

Le pas circonférentiel est égal au quotient du pas normal par le cosinus de l'angle d'inclinaison de l'hélice.

Cette règle est applicable au cas d'un pignon engrenant sur une crémaillère. Connaissant l'angle d'inclinaison de l'hélice du pignon et son pas normal, le pas linéaire ou pas sur le côté de la crémaillère est le quotient du pas normal par le cosinus de l'angle d'inclinaison.

Si l'angle d'inclinaison de la roue et le pas linéaire de la crémaillère sont assignés, l'inclinaison des dents de la crémaillère est donnée par le complément de l'angle d'inclinaison du pignon.

Le cercle de couronne et la hauteur entre ce cercle et le cercle limite correspondent au pas réel et non au pas circulaire.

Dans tout engrenage hélicoïdal il y a donc lieu de distinguer deux modules : le *module apparent* qui est le module sur le côté de la denture ou le quotient du diamètre primitif par le nombre de dents ; le *module réel* qui est le produit du module apparent par le cosinus de l'angle d'inclinaison. En vertu de la formule :

$$P' = \pi\alpha$$

on peut dire que le module apparent, multiplié par π, donne le *pas apparent* ou *pas circulaire* mesuré sur une section circulaire dans le cas d'une roue hélicoïdale et sur une génératrice dans le cas d'une vis. Le module réel, multiplié par π, donne le *pas réel* ou pas normal mesuré perpendiculairement à l'hélice. C'est ce module réel qui détermine la fraise à employer. Tous les engrenages hélicoïdaux d'un même module réel engrènent entre eux pour un angle convenable des axes, mais pour un même module réel, les modules apparents diffèrent suivant l'inclinaison de l'hélice puisque l'un des modules est une fonction de l'autre par le cosinus de l'angle d'inclinaison.

La formule :

$$D' = \alpha N$$

conduit aux considérations suivantes :

Le diamètre primitif est égal au produit du module apparent par le nombre de dents. La saillie et la hauteur du vide s'obtiennent au contraire d'après le module normal ou réel.

Soit à déterminer les dimensions d'une roue hélicoïdale de 32 dents, module réel 4, angle d'inclinaison 20°.

Le cosinus de 20° est 0,9397. Le module apparent a pour valeur 4 / 0,9397 = 4,256. Le diamètre primitif a pour mesure 4,256 x 32 = 136,2. Le diamètre de couronne est 136,2 + 2 x 4 = 144,2.

Si deux engrenages hélicoïdaux marchent à axes parallèles, les modules réels sont les mêmes et les angles d'inclinaison sont égaux et de sens contraires. Il en résulte que les modules apparents sont aussi égaux. Soient deux roues hélicoïdales de 20 et 45 dents, module réel 4, angle d'inclinaison, 18° ; leur module apparent est 4,205 ; leurs diamètres primitifs ont pour valeur 84,11 et 189,25 ; la distance des axes est donc 136,68 mm.

Calculons deux roues hélicoïdales de 30 et 48 dents reliant deux axes dont la distance est 168 mm.

Divisant 168 par la demi-somme des nombres de dents, nous trouvons 4,307 qui est le module apparent des deux engrenages. Choisissons l'angle d'inclinaison de façon que le module réel se trouve être un module de la série que l'on possède, 4 par exemple.

Le cosinus de l'angle sera obtenu en divisant 4 par 4,307 ; ce quotient donne 0,9287 qui correspond à un angle de 21°45'.

Si deux engrenages hélicoïdaux n'ont pas leurs axes parallèles, la somme des angles d'inclinaison doit être égale à l'angle des axes (voir n° 95). Dans ce cas, les modules apparents ne sont pas forcément égaux mais ici encore, les modules réels devront être les mêmes. Si les deux axes sont perpendiculaires, la somme des angles d'inclinaison qui sont de même sens (voir n° 95), doit être égale à 90. Puisque les modules apparents ne sont pas égaux, les diamètres primitifs ne sont pas proportionnels aux nombres de dents. Si l'une des roues doit conduire l'autre, on choisira pour l'engrenage moteur un angle d'inclinaison plus grand que celui de l'engrenage conduit.

Il y a lieu d'établir les différences que nous venons d'exposer au cas où l'unité choisie serait le pas diamétral. Pour un pas diamétral normal 12P on a $s = {}^{1''}/_{2}$; l'épaisseur de la dent a pour valeur 0,1309". Une roue de 30 dents 10P a un diamètre primitif égal à 3" ; si le pas diamétral normal correspond à 12P, le diamètre primitif est égal à $3\ {}^{2''}/_{12}$ et non a $3\ {}^{2''}/_{10}$.

Le pas réel varie avec l'angle d'inclinaison ; les fraises sont établies d'après le profil au pas réel.

En dessinant des engrenages hélicoïdaux, il est prudent d'examiner la liste des fraises que l'on a à sa disposition afin d'éviter l'acquisition d'une nouvelle fraise. On adopte la fraise la plus rapprochée de celle qui serait requise pour tailler une roue droite avec un module réel mais on la prend un peu plus mince.

Il nous paraît intéressant d'exposer quelques calculs en adoptant le pas diamétral comme unité. Soit une roue hélicoïdale de 30 dents 10P ; supposons que la fraise la plus rapprochée dont nous disposions soit pour engrenages 12P. Cherchons l'angle qui donne le pas réel 0,2618" quand le pas circonférentiel est 0,3142"; (fig. 68), ADC sera égal à 0,3142" quand AEB sera 0,2618". Le quotient 0,833 de 0,2618" par 0,3142" donne le cosinus de l'angle CAB. Le quotient $^{10}/_{12}$ = 0,833. L'angle dont le cosinus est 0,833 vaut 33°30.

Quel est le pas circonférentiel correspondant si le diamètre primitif est 3" ? Ce pas est le quotient de la circonférence primitive par la tangente de l'angle d'inclinaison. La circonférence de 3" de diamètre est 9,4248"; la tangente de 33° 30' a pour mesure 0,66188.

$$9{,}4248 / 0{,}66188 = 14{,}23''$$

valeur du pas circonférentiel.

Si sur la machine que l'on possède, on ne peut obtenir le pas exact de l'hélice à réaliser, il est suffisant d'adopter une hélice rapprochée ; douze ou quinze millimètres en plus ou en moins pour le pas sur une roue hélicoïdale de module 2,5 n'influent que très peu l'angle d'inclinaison. Il est utile d'adopter des hélices un peu longues et une taille plus profonde pour respecter la distance des centres. Si deux roues à axes parallèles de même grandeur doivent engrener, un changement dans la hauteur des dents ou l'inclinaison des hélices n'a aucune influence sur la correction de l'engrènement ; si les roues sont de diamètres différents, les divisions doivent être en rapport avec les vitesses angulaires.

99. Forme des fraises pour roues hélicoïdales

Une fraise qui peut tailler un engrenage droit de 75 mm de diamètre ne peut convenir pour tailler une roue hélicoïdale de même grandeur. Dans ce cas, le profil de la fraise s'obtient en confectionnant un patron qui épouse la forme de la denture suivant l'hélice normale AEB (fig. 68).

On étend le patron sur un ou deux pas ; sa courbure sur le dessus des dents se rapproche plus d'une ligne droite que s'il était découpé le long du cercle primitif. Le patron obtenu, on cherche de quelle fraise pour engrenage droit il se rapproche le plus. Nous avons représenté figure 69, à une certaine échelle, un patron ajusté sur une circonférence de 75 mm ; si le module réel est 4, la fraise requise est de module 4.

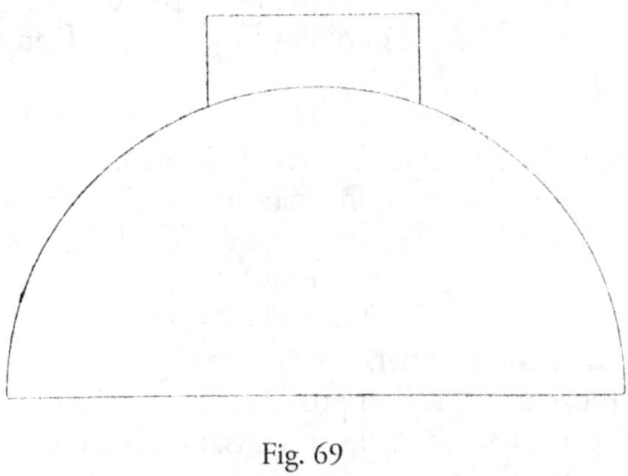

Fig. 69

Sur la figure 65 on peut très bien observer la différence qui existe entre un pas réel et un pas apparent. La crémaillère DD a une forme régulière, la hauteur totale des dents étant égale aux $^{11}/_{16}$ du pas linéaire. Si on effectue une coupe droite sur les dents des roues A et B, le pas et la hauteur dans cette section sont dans le même rapport que les éléments correspondants de la crémaillère ; mais si on regarde les dents par leurs bouts, elles y sont plus épaisses que dans une section droite. La même différence existe entre les dents des deux crémaillères DD et EE ; DD a 20 dents, EE 14 ; chacune d'elles peut engrener sur les roues hélicoïdales A,B ou C de la figure 63 mais à angles d'inclinaison différents. Les dents des crémaillères engrènent aussi ensemble mais leurs côtés font entre eux un angle de 45°.

La raison de ce qui précède est que les roues et les crémaillères ont le même pas réel ou normal. Deux engrenages hélicoïdaux peuvent donc engrener correctement quoique leurs pas circonférentiels ne soient pas semblables ; mais leurs pas réels doivent être égaux.

Chapitre VII

Engrenages à vis sans fin et engrenages hélicoïdaux. Remarques générales

100. — La marche des engrenages hélicoïdaux est généralement plus douce que celle des roues droites. Une dent de roue hélicoïdale n'est pas en prise à la fois sur toute sa longueur ; le contact est progressif ; il débute sur le bord de la roue, passe tout le long de la dent pour cesser sur l'autre bord. Il y a rectification des défauts qui pourraient exister dans la forme des dents et de l'erreur possible dans l'écartement des axes. Ces avantages ont rendu l'emploi des roues hélicoïdales assez fréquent, il y a quelques années, mais depuis que les machines à tailler ont été perfectionnées au point de reproduire des profils bien exacts en développante ou en cycloïde leur usage s'est restreint.

Les roues hélicoïdales permettent une certaine latitude de l'écartement des axes ; la durée d'engrènement y est plus longue que dans un jeu de roues droites ; nous entendons par là le temps qui s'écoule depuis l'origine jusqu'à la fin de l'engrènement de deux dents ; une dent ne peut abandonner le contact que lorsque la paire de dents suivantes est engrenée.

Tous les engrenages finissent par s'user plus ou moins au bout d'un certain temps et par devenir bruyants ; la forme de leurs dents s'altère ; le même phénomène se passe pour les roues hélicoïdales mais leur marche a toujours la même douceur aussi longtemps qu'il reste une denture.

Cependant, si on change le sens de rotation, les réactions qui se manifestent peuvent acquérir une intensité supérieure à celle qui se produirait entre deux roues droites fonctionnant dans les mêmes conditions, surtout si les arbres ont du jeu.

Les roues hélicoïdales, en tournant, déterminent des réactions réciproques sur leurs axes ; on s'oppose à ces réactions en utilisant des *engrenages en chevrons* (voir plus loin).

Rien n'empêche d'établir des trains hélicoïdaux avec engrenages intermédiaires ou hélices contraires ; mais ces combinaisons n'ont aucune utilité pratique.

101. — Les roues à vis sans fin ont généralement leurs axes perpendiculaires l'un sur l'autre. Les vitesses relatives de la vis et de la roue sont indépendantes du diamètre primitif de la vis ; la vis peut avoir 25 mm ou 250 mm de diamètre, cela ne change rien au rapport des vitesses.

Le sens de rotation d'une roue à vis sans fin varie avec le sens du filet, droit ou gauche.

Si les axes de la vis et de la roue sont obliques, il y a une limite pratique à ne pas dépasser.

Une vis et sa roue hélicoïdale s'usent plus rapidement que tout autre dispositif d'engrenages ; la longueur d'un tour de filet de la vis est plus grande qu'une circonférence correspondant au diamètre du filet.

L'angle d'inclinaison d'une hélice de vis se détermine comme l'angle d'inclinaison d'une roue hélicoïdale.

Chapitre VIII

Fractions continues - Applications

102. — On appelle *fraction continue* une expression de la forme :

$$a + \cfrac{1}{b + \cfrac{1}{c + \cfrac{1}{d + \text{etc.}}}}$$

a, b, c, d... étant des nombres entiers et positifs.

L'expression :

$$1 + \cfrac{1}{4 + \cfrac{1}{5 + \cfrac{1}{3}}}$$

est une fraction continue.

Les fractions continues permettent d'exprimer par un petit nombre de chiffres une autre fraction qui comprend un grand nombre de chiffres. Considérons, par exemple, la quantité $^{29}/_{146}$. Les deux termes d'une fraction peuvent être divisés par un même nombre sans que la fraction change de valeur. Écrivons :

$$\frac{29}{146} = \frac{\frac{29}{29}}{\frac{146}{29}} = \frac{1}{\frac{146}{29}} = \frac{1}{5 + \frac{1}{29}}$$

Si nous négligeons $1/29$, la fraction $1/5$ est la première approximation. Calculons l'erreur commise. Le plus petit commun dénominateur entre $1/5$ et $29/146$ est 730. On a :

$$\frac{1}{5}=\frac{146}{730}\ ; \qquad \frac{29}{146}=\frac{145}{730}\ ; \qquad \frac{146}{730}-\frac{145}{730}=\frac{1}{730}$$

L'erreur commise en prenant $1/5$ au lieu de $29/146$ est de $1/730$.Il existe quatorze fractions dont la valeur est encore plus rapprochée de $29/146$ que $1/5$. Ce sont : $15/76$, $16/81$, etc... $29/146$. Ces fractions se calculent par tâtonnements. Toutes ces valeurs approximatives sont plus grandes que $29/146$.

Un exemple bien intéressant dans la construction des machines est le rapport du millimètre au pouce anglais. Un millimètre vaut 0,03937 de pouce.

Quelle est la fraction qui en termes plus expressifs que 0,03937 correspond à un millimètre ? Écrivons 0,03937 sous la forme :

$$\frac{3\,937}{100\,000}=\frac{1}{\dfrac{100\,000}{3\,937}}=\frac{1}{25+\dfrac{1\,575}{3\,937}}$$

La première approximation du millimètre est $1/25$, c'est-à-dire qu'un millimètre est la 25e partie d'un pouce ou qu'un pouce vaut 25 mm.

Il est facile d'arriver à une approximation plus grande. Marquons :

$$\frac{1}{25+\dfrac{1}{\dfrac{3\,937}{1\,575}}}=\frac{1}{25+\dfrac{1}{2+\dfrac{787}{1\,575}}}=\frac{1}{25+\dfrac{1}{2+\dfrac{1}{2+\dfrac{1}{787}}}}=0{,}03937$$

La seconde approximation sera :

$$\frac{1}{25+\dfrac{1}{2}}=\frac{1}{\dfrac{50+1}{2}}=\frac{2}{51}=0{,}03921$$

La troisième :

$$\cfrac{1}{25+\cfrac{1}{2+\cfrac{1}{2}}}=\cfrac{1}{25+\cfrac{1}{\cfrac{4+1}{2}}}=\cfrac{1}{25+\cfrac{2}{5}}=\cfrac{1}{\cfrac{125+2}{5}}=\frac{5}{127}$$

= 0,03937007, seulement $^7/_{100\,000\,000}$ plus grande que 0,03937. On arrive rarement à une approximation aussi grande. Le rapport. $^5/_{127}$ est usité dans les tours américains pour tailler les filets de vis au millimètre.

Si la vis de conduite du tour a 1 filet par pouce ou si un écrou monté sur cette vis avance de 1 pouce par tour, les engrenages de rechange seront dans le rapport de 5 à 127 ; l'outil avance très approximativement de 1 mm par tour de la pièce. Si la vis-mère a 8 filets par pouce, la proportion est huit fois plus grande ou $^{40}/_{127}$; avec des roues de rechange qui sont dans le rapport de $^{40}/_{127}$, on arrive donc à tailler des filets en millimètres, avec une approximation largement suffisante.

Les fractions successives $^1/_{25}$, $^2/_{51}$, $^5/_{127}$ s'appellent les *réduites* de la fraction continue et ces réduites sont convergentes car elles se rapprochent successivement de la valeur 0,03937.

La recherche des réduites successives n'est pas aussi laborieuse qu'on pourrait le supposer ; à partir de la troisième on peut formuler une règle que nous allons démontrer. Soit la fraction continue :

$$a+\cfrac{1}{b+\cfrac{1}{c+\cfrac{1}{d}}}$$

La première réduite est $a = a/1$; la seconde est $a + 1/b = ab+1/b$. La troisième s'obtient en changeant dans la seconde b en $b+1/c$.

$$a+\cfrac{1}{b+\cfrac{1}{c}}=\frac{a\left(b+\frac{1}{c}\right)+1}{b+\frac{1}{c}}=\frac{(ab+1)\,c+a}{bc+1}$$

On obtiendrait la quatrième en changeant, dans la troisième, c en $c + 1/d$. On reconnaît que les deux premières réduites ayant été calculées, la troisième peut être formée en multipliant les deux termes de la seconde par le quotient c et en ajoutant respectivement aux produits les deux termes de la première. Plus généralement : *Chaque réduite à partir de la troisième se forme en multipliant les deux termes de la réduite précédente par le nouveau quotient incomplet et en ajoutant respectivement à ces produits les deux termes de la pénultième.*

Soit une roue 4P ; son pas circulaire a pour valeur :

$$P' = \frac{\pi}{P} = \frac{3,14159}{4} = 0,7854''$$

ou

$$7854 / 10000$$

La première réduite est 1, la seconde est $\frac{3}{4}$, la troisième est $\frac{4}{5}$, la quatrième $\frac{11}{14}$, valeur d'un usage courant pour la taille des crémaillères 4P ; $\frac{11}{14} = 0,7857$; l'erreur n'est donc que de $\frac{3}{10\,000}$. Sur trois pas, l'erreur sera 0,001", soit un millième de pouce.

Construisons une vis pouvant engrener sur cette crémaillère. La vis de conduite du tour ayant 3 filets par pouce, les engrenages de rechange devront être dans le rapport de 33 à 14. Deux roues, l'une de 66 dents sur la pièce, l'autre de 28 sur la vis de conduite qui a 3 filets par pouce, permettraient donc de tailler une vis pouvant engrener sur un engrenage 4P.

Quand nous adoptons $\frac{11}{14}$ pour le pas circulaire d'une roue au lieu de 0,7857 nous agissons absolument comme lorsque nous adoptons pour le rapport de la circonférence à son diamètre la fraction $\frac{22}{7}$ au lieu de 3,14159.

Chapitre IX

Angle de pression

103. — Un disque plat A (fig. 70) repose sur le plan horizontal *ab* ; si on soulève la pièce B dans le sens vertical, dans la direction de la flèche, la pièce A se déplace vers la ligne *cd*.

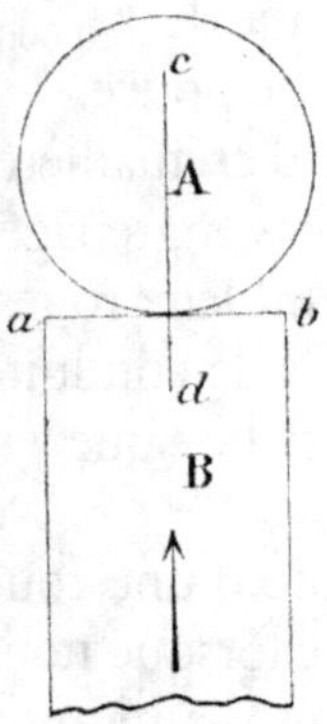

Fig. 70

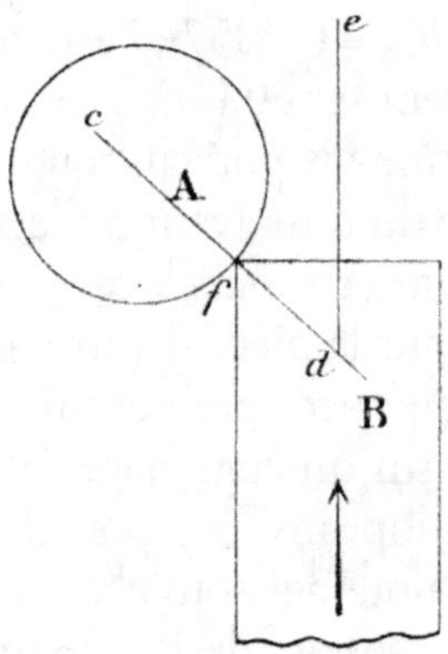

Fig. 71

Si la pièce B (fig. 71) agit sur la pièce A suivant une arête *f*, la pièce A se déplace dans la direction *cd*.

Quand une pièce libre agit sur une autre, cette dernière se déplace toujours dans le sens de la normale au point de contact. L'angle que forme la normale sur la pièce mue avec la trajectoire de la pièce motrice s'appelle l'*angle de pression* ; la normale elle-même se nomme *ligne de pression*.

Revenons à la figure 5 n° 26. Les lignes BA et BA' sont les lignes de pression ; si la roue est motrice, la tendance qu'éprouve la crémaillère à se mouvoir ne se manifeste pas dans la direction de sa ligne de division mais dans le sens BA ou BA' suivant que la roue tourne vers la gauche ou vers la droite.

Elle est empêchée de suivre cette voie par des guides. Si la crémaillère est motrice, la tendance que possède la roue à se mouvoir se produit non pas tangentiellement au cercle primitif, comme cela aurait lieu avec une courroie, mais suivant la ligne de pression.

La roue se meut autour de son axe grâce à sa liaison avec le bâti qui la porte.

Quoi qu'il en soit, la pression d'un organe sur l'autre est bien oblique ; il en résulte des réactions sur les appuis et des frottements supplémentaires que l'on ne peut éviter. Il y a lieu cependant de tenir compte de ce fait que les dents elles-mêmes éprouvent un frottement de glissement qui peut faire varier dans une certaine mesure la loi précédente.

L'arc que parcourt une dent depuis l'origine de l'engrènement jusqu'à la fin s'appelle *arc d'engrènement*.

La ligne d'engrènement, qui n'est autre chose que le lieu géométrique du contact des dents, doit toujours être égale à au moins un pas et, si c'est possible, elle doit être supérieure à deux pas afin que la rupture d'une dent n'interrompe pas le fonctionnement en provoquant même la rupture de la roue. On peut vérifier si l'arc d'engrènement est plus grand que le pas au moyen d'une épure ; le mieux est d'avoir recours à des gabarits tournants.

La roue de 12 dents a longtemps servi de base aux systèmes de roues d'assortiment en cycloïde ; la pratique a montré qu'il était préférable d'adopter le pignon de 15 dents ; les angles de pression y sont plus faibles et l'arc d'engrènement plus long ; les engrenages établis sur cette base ont plus de durée.

Chapitre X

Engrenages intérieurs

104. — Les vides d'un engrenage intérieur sont égaux aux dents d'un engrenage extérieur droit.

Ce principe s'applique aux profils en développante et cycloïdaux.

La courbure des dents en développante d'un engrenage intérieur est concave ; il a été cependant d'usage de les tailler avec des fraises d'engrenages extérieurs donnant un profil convexe.

Pour tailler des roues épicycloïdales intérieures à grande division, il faut employer des fraises spéciales.

Il est parfois nécessaire pour les roues intérieures d'abandonner la base 15 dents afin de pouvoir établir des pignons différant de moins de 15 dents de la roue intérieure (n° 37).

Les règles que nous avons exposées aux chapitres VII et VIII (Partie I) s'appliquent toujours.

Si la base a un petit nombre de dents et si le pignon qui engrène sur la roue intérieure est petit, il peut être nécessaire d'avoir recours aux procédés du chapitre VII ; il se pourrait, en effet, que les dents fussent trop arrondies vers leur tête si on employait le tracé par approximation.

La base doit être inférieure ou au plus égale à la différence entre l'engrenage intérieur et son pignon.

105. Tracé d'une roue intérieure

Il s'agit de construire un engrenage intérieur de 24 dents et son pignon de 18 dents, de module assigné. La base ne peut être supérieure à 24 - 18 = 6 dents.

Autour du point T (fig. 72) traçons les arcs AK et O*k* avec un rayon égal au rayon du cercle primitif d'une roue de 6 dents du module donné.

Le profil des dents se dessine comme il a été indiqué chapitre VII, Partie I ; mais les vides deviennent les dents et réciproquement.

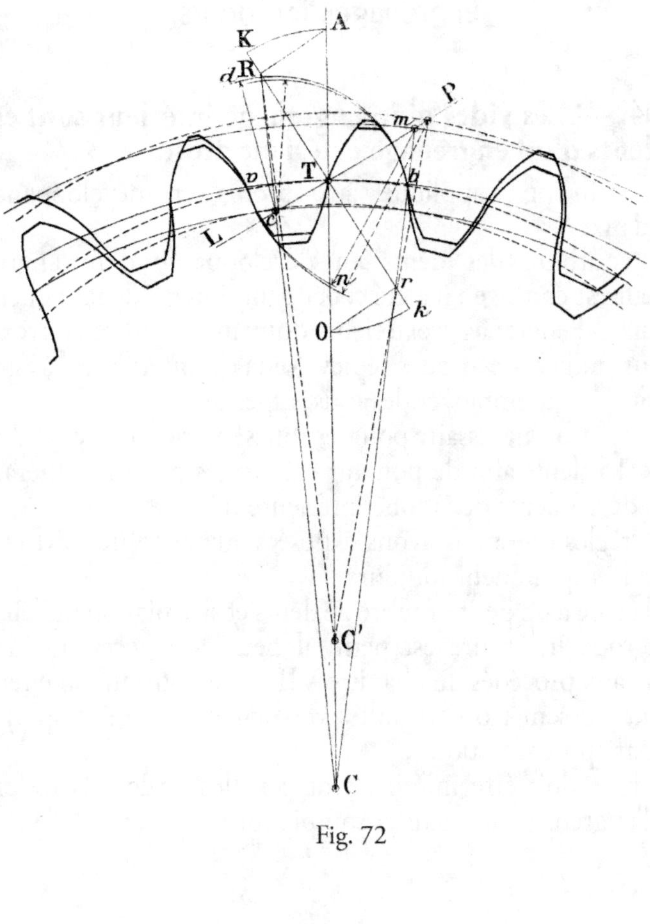

Fig. 72

Les racines sont suffisamment résistantes pour qu'on puisse supprimer le congé des engrenages extérieurs. Les dents du pignon se dessinent comme celles de la roue chapitre VIII mais avec la base 6.

L'arc d'engrènement d'une roue intérieure est plus long que celui d'un engrenage extérieur.

L'angle KTA de la figure 72 est de 30°; celui de la figure 11 n'est que de 12° ; la ligne de pression est à 60° du rayon CT au lieu de 78°.

Rien n'empêcherait d'établir un système d'engrenages extérieurs d'assortiment à base 6 dents ; ces roues seraient interchangeables entre elles mais aucune d'elles ne pourrait engrener correctement sur une roue épicycloïdale à base 15 dents.

Les engrenages intérieurs se taillent à l'aide d'appareils spéciaux que l'on applique sur les machines à fraiser ordinaires.

Chapitre XI

Résistance des engrenages — Frottement

106. Résistance des engrenages

Une bonne largeur pour une denture d'engrenage est de 2 à 3 fois le pas circonférentiel.

L'épaisseur d'une dent se détermine en fonction de l'effort en kilogrammes auquel elle est soumise. Si une roue doit transmettre 3 chevaux-vapeur à 120 tours, on calcule comme suit l'effort sur la dent.

Un cheval-vapeur équivaut à 75 kgm par seconde ; 3 chevaux valent donc 225 kgm. L'écartement des axes et le rapport des vitesses ont amené à adopter, par exemple, pour le diamètre primitif, 400 mm. La vitesse linéaire est :

$$V = (3{,}14 \times 0{,}400 \times 120) / 60 = 2{,}50 \text{ m par seconde}$$

L'effort au cercle primitif est égal au quotient du nombre de kilogrammètres par la vitesse linéaire ou :

$$225 / 2{,}50 = 90 \text{ kgs}$$

Soient P' le pas circulaire de la roue, b sa largeur, P la pression, dans le cas actuel 90 kgs. On peut poser, d'après Bach :

$$P = R_1 b P'$$

et pour les roues en fonte, si n est le nombre de tours par minute :

n =	16	36	64	100	144	196	254
R_1 =	0,16	0,14	0,12	0,10	0,08	0,06	0,04

On admet *b*, largeur de la roue, égale à 2 fois à 2,5 fois le pas circulaire. Soit $b = 2P'$; la formule devient :

$$P = R_1 \times 2P' \times P' = 2R_1P'^2.$$

Pour

$$n = 100 \qquad R_1 = 0{,}10$$

et

$$90 = 0{,}10 \times 2P'^2$$

$$P'^2 = 90 / 0{,}2 = 900 / 2 = 450$$

$$P' = 21{,}21$$

Si nous cherchons dans la table n° 17 le module correspondant à un pas diamétral 21,21 nous trouvons qu'approximativement le module 7 peut convenir.

107. Roues hélicoïdales

Les dents d'une roue hélicoïdale doivent être calculées en fonction de la résistance ; elle seront assez grandes pour que la pression par unité de surface soit faible ainsi que le travail absorbé par le frottement qui use et échauffe la vis. On prend, dans la formule relative aux engrenages droits, R_1 = 0,18 à 0,28 s'il s'agit d'un fonctionnement peu fréquent à faible vitesse. Au point de vue de la sécurité, il convient qu'il y ait toujours au moins deux dents en contact ; dans ce cas, R_1 peut se prendre un peu plus élevé. Si le service est fréquent et prolongé R_1 descend jusqu'à 0,08. Avec un nombre de dents relativement grand, la vis étant en acier, une construction et un montage soignés, un bon graissage, on peut adopter R_1 = 0,36, le nombre de tours de la vis ne dépassant pas 4 à 500. Pour la largeur des dents on admet $b = 2{,}5P'$.

La vis et sa roue hélicoïdale constituent un moyen très simple de transformer un mouvement de rotation rapide en un mouvement lent. On les emploie beaucoup dans l'industrie depuis l'introduction des électro-moteurs.

Le rendement d'un mécanisme à vis croît avec l'angle d'inclinaison de l'hélice ; pour un angle d'inclinaison de 66°, ce rendement peut atteindre 0,8 soit les 80/100 du travail transmis. Sur 100 chevaux, le mécanisme transporte 80 chevaux.

Les roues à vis sans fin constituent un mécanisme irréversible ; la vis seule peut être motrice ; l'inverse ne peut avoir lieu.

108. Frottement des dents

Quand deux engrenages sont en activité il se produit un frottement des dents qui se manifeste de deux manières : par le glissement relatif des roues dans la direction des dents et par le glissement des deux profils l'un sur l'autre ; le plan dans lequel ce dernier mouvement se produit est le plan des cercles primitifs. Admettons que deux dents se séparent quand les deux suivantes arrivent en contact, c'est-à-dire que l'engrènement produisant le frottement ne dure, pour chaque paire de dents, que l'espace d'une division. On peut considérer que, dans ce cas, la perte par frottement a pour valeur approximative, pour roues droites en développante ou cycloïdales :

$$P = \pi f Q \left(\frac{1}{n_1} + \frac{1}{n_2}\right)$$

- P = frottement des dents réduit à la circonférence primitive, évalué en kilogrammes ;
- π = 3,1416 ;
- Q = pression à la circonférence primitive ;
- n_1= nombre de dents de la roue menante ;
- n_2 = nombre de dents de la roue menée ;
- f = coefficient de frottement ; f est compris entre 0,1 et 0,3; pour des roues non taillées on peut compter 0,3 et même plus ; pour des roues taillées ayant marché un certain temps, f descend en dessous de 0,1 ; on admet, en moyenne, f = 0,2.

On voit de suite qu'au point de vue du frottement il y a avantage à adopter des roues de grands nombres de dents et à construire les engrenages avec le plus de précision possible. Plus les engrenages ont de dents, plus ils fonctionnent avec douceur.

La pression Q se calcule comme au paragraphe 106. Soient Q= 100 kgs ; f = 0,2 ; $n_1 = 50$; $n_2 = 25$; il vient :

$$P = 3{,}14 \times 0{,}2 \times 100 \left(\tfrac{1}{50} + \tfrac{1}{25}\right) = 3{,}8 \text{ kgs}$$

Si la vitesse linéaire est de 3 m par seconde, la perte sera 3,8 x 3 = 11,4. kgm ou 11,4 / 75 cheval-vapeur ; la puissance à transmettre est de 100 x 3 = 300 kgm = $^{300}/_{75}$ chevaux-vapeur ; la perte est donc à peu près les 4 % du travail à transmettre.

La formule ci-dessus est d'une approximation plus ou moins réelle ; il ne faut pas oublier, en effet, que le coefficient de frottement f a une valeur plus ou moins indéterminée.

Si au lieu de 2 on a m dents qui engrènent, la formule devient :

$$P = \left(\frac{1}{n_1} + \frac{1}{n_2}\right) \frac{m\pi}{2} f.Q.$$

Pour un engrenage intérieur n_1 est négatif :

$$P = \left(\frac{1}{n_2} - \frac{1}{n_1}\right) \frac{m\pi}{2} f.Q.$$

Pour la crémaillère n_1 devient infiniment grand, $1 / n_1 = 0$ on a :

$$P = \frac{1}{n_2} \frac{m\pi}{2} f.Q.$$

Les formules précédentes sont relatives aux engrenages droits ; si on remplace les nombres de dents par les rayons primitifs il vient :

$$P = \left(\frac{1}{r_1} + \frac{1}{r_2}\right) \times A$$

A désignant l'ensemble du second facteur.

Dans les roues coniques le rayon du cercle primitif est plus grand que le rayon de la base du cône ; il en résulte que, dans ces roues, le frottement est moindre que dans les engrenages cylindriques. On admet cependant les mêmes formules. Celles-ci ne tiennent bien entendu pas compte des réactions d'écartement qui se manifestent quand deux roues coniques tournent ; il se produit un frottement supplémentaire sur les butées.

Dans les engrenages où il y a glissement le long des dents, la résistance qui en résulte doit être combinée avec celle qu'établit la formule.

Mais dans les roues hélicoïdales le frottement d'engrènement est si faible, en comparaison du frottement de glissement dans la direction des dents, qu'il peut être négligé.

109. Rapport de transmission

L'usure de deux roues se produit en un minimum de temps quand ce sont toujours les mêmes dents qui portent l'une sur l'autre.

Si la transmission de puissance est régulière et constante, les meilleurs rapports de vitesses sont : $1/1$, $1/2$, $1/3$, $1/4$, $1/5$; les rapports $2/3$, $2/5$, $2/7$, $2/9$ sont moins bons.

Si on a affaire à une pression variant périodiquement et si on adopte le rapport $1/1$, il y a deux endroits où les dents s'usent particulièrement, tandis que les autres dents subissent une fatigue moindre.

Si le rapport est $1/2$, il n'y a qu'un seul point du pignon qui participe à l'usure ; il en est de même des rapports $1/3$, $1/4$, $1/5$; pour le rapport $2/3$, l'usure se manifeste en quatre endroits et le pignon résiste plus longtemps. On donne donc, si possible, la préférence au rapport de transmission tel que l'usure du pignon soit minimum si, bien entendu, on ne peut rendre la transmission régulière.

110. Roues en chevrons

Les *roues en chevrons* sont des engrenages à denture extérieure dont les dents hélicoïdales forment un V; le sommet du V se trouve dans le plan médian de la roue.

Le sens de rotation tel que l'angle passe en avant est le meilleur au point de vue de la résistance des dents si les puissances à transmettre sont variables.

Les dents en chevrons sont plus résistantes que les dents d'engrenages droits de même module ; la durée de leur engrènement est plus grande et, comme pour les engrenages coniques, leur marche est plus douce.

On exécute souvent les roues à chevrons sous forme de deux engrenages hélicoïdaux accolés et assemblés.

APPENDICE

I. — Table des équivalents décimaux du pouce anglais

mm.	Pouces.	mm.	Pouces.	mm	Pouces.
$\frac{1}{50}$ =	0,00079	$\frac{26}{50}$ =	0,02047	2 =	0,07874
$\frac{2}{50}$ =	0,00157	$\frac{27}{50}$ =	0,02126	3 =	0,11811
$\frac{3}{50}$ =	0,00236	$\frac{28}{50}$ =	0,02205	4 =	0,15748
$\frac{4}{50}$ =	0,00315	$\frac{29}{50}$ =	0,02283	5 =	0,19685
$\frac{5}{50}$ =	0,00394	$\frac{30}{50}$ =	0,02362	6 =	0,23622
$\frac{6}{50}$ =	0,00472	$\frac{31}{50}$ =	0,02441	7 =	0,27559
$\frac{7}{50}$ =	0,00551	$\frac{32}{50}$ =	0,02520	8 =	0,31496
$\frac{8}{50}$ =	0,00630	$\frac{33}{50}$ =	0,02598	9 =	0,35433
$\frac{9}{50}$ =	0,00709	$\frac{34}{50}$ =	0,02677	10 =	0,39370
$\frac{10}{50}$ =	0,00787	$\frac{35}{50}$ =	0,02756	11 =	0,43307
$\frac{11}{50}$ =	0,00866	$\frac{36}{50}$ =	0,02835	12 =	0,47244
$\frac{12}{50}$ =	0,00945	$\frac{37}{50}$ =	0,02913	13 =	0,51181
$\frac{13}{50}$ =	0,01024	$\frac{38}{50}$ =	0,02992	14 =	0,55118
$\frac{14}{50}$ =	0,01102	$\frac{39}{50}$ =	0,03071	15 =	0,59055
$\frac{15}{50}$ =	0,01181	$\frac{40}{50}$ =	0,03150	16 =	0,62992
$\frac{16}{50}$ =	0,01260	$\frac{41}{50}$ =	0,03228	17 =	0,66929
$\frac{17}{50}$ =	0,01339	$\frac{42}{50}$ =	0,03307	18 =	0,70866
$\frac{18}{50}$ =	0,01417	$\frac{43}{50}$ =	0,03386	19 =	0,74803
$\frac{19}{50}$ =	0,01496	$\frac{44}{50}$ =	0,03465	20 =	0,78740
$\frac{20}{50}$ =	0,01575	$\frac{45}{50}$ =	0,03543	21 =	0,82677
$\frac{21}{50}$ =	0,01654	$\frac{46}{50}$ =	0,03622	22 =	0,86614
$\frac{22}{50}$ =	0,01732	$\frac{47}{50}$ =	0,03701	23 =	0,90551
$\frac{23}{50}$ =	0,01811	$\frac{48}{50}$ =	0,03780	24 =	0,94488
$\frac{24}{50}$ =	0,01890	$\frac{49}{50}$ =	0,03858	25 =	0,98425
$\frac{25}{50}$ =	0,01969	1 =	0,03937	26 =	1,02362

10 mm = 1 centim. = 0,3937 pouce. 10 cm = 1 décim. = 3,937 pouces.
10 dcm = 1 m = 39,37 pouces. 25,4 mm = 1 pouce anglais.

II. — Tables des sinus, cosinus, tangentes, cotangentes, sécantes et cosécantes naturels

SINUS NATURELS

Deg.	0′	10′	20′	30′	40′	50′	60′	.
0	0,00000	0,00291	0,00581	0,00872	0,01163	0,01454	0,01745	89
1	0,01745	0,02036	0,02326	0,02617	0,02908	0,03199	0,03489	88
2	0,03489	0,03780	0,04071	0,04361	0,04652	0,04443	0,05233	87
3	0,05233	0,05524	0,05814	0,06104	0,06395	0,06685	0,06975	86
4	0,06975	0,07265	0,07555	0,07845	0,08135	0,08425	0,08715	85
5	0,08715	0,09005	0,09295	0,09584	0,09874	0,10163	0,10452	84
6	0,10452	0,10742	0,11031	0,11320	0,11609	0,11898	0,12186	83
7	0,12186	0,12475	0,12764	0,13052	0,13341	0,13629	0,13917	82
8	0,13917	0,14205	0,14493	0,14780	0,15068	0,15356	0,15643	81
9	0,15643	0,15930	0,16217	0,16504	0,16791	0,17078	0,17364	80
10	0,17364	0,17651	0,17937	0,18223	0,18509	0,18795	0,19080	79
11	0,19080	0,19366	0,19651	0,19936	0,20221	0,20506	0,20791	78
12	0,20791	0,21075	0,21359	0,21644	0,21927	0,22211	0,22495	77
13	0,22495	0,22778	0,23061	0,23344	0,23627	0,23909	0,24192	76
14	0,24192	0,24474	0,24756	0,25038	0,25319	0,25600	0,25881	75
15	0,25881	0,26102	0,26443	0,26723	0,27004	0,27284	0,27563	74
16	0,27563	0,27843	0,28122	0,28401	0,28680	0,28958	0,29237	73
17	0,29237	0,29515	0,29793	0,30070	0,30347	0,30624	0,30901	72
18	0,30901	0,31178	0,31454	0,31730	0,32006	0,32281	0,32556	71
19	0,32556	0,32831	0,33106	0,33380	0,33654	0,33928	0,34202	70
20	0,34202	0,34475	0,34748	0,35020	0,35293	0,35565	0,35836	69
21	0,35836	0,36108	0,36379	0,36650	0,36920	0,37190	0,37460	68
22	0,37460	0,37730	0,37999	0,38268	0,38536	0,38805	0,39073	67
23	0,39073	0,39340	0,39607	0,39874	0,40141	0,40407	0,40673	66
24	0,40673	0,40939	0,41204	0,41469	0,41733	0,41998	0,42261	65
25	0,42261	0,42525	0,42788	0,43051	0,43313	0,43575	0,43837	64
26	0,43837	0,44098	0,44359	0,44619	0,44879	0,45139	0,45399	63
27	0,45399	0,45658	0,45916	0,46174	0,46432	0,46690	0,46947	62
28	0,46947	0,47208	0,47460	0,47715	0,47971	0,48226	0,48481	61
29	0,48481	0,48735	0,48989	0,49242	0,49495	0,49747	0,50000	60
30	0,50000	0,50251	0,50503	0,50753	0,51004	0,51254	0,51503	59
31	0,51503	0,51752	0,52001	0,52249	0,52497	0,52745	0,52991	58
32	0,52991	0,53238	0,53484	0,53730	0,53975	0,54219	0,54463	57
33	0,54463	0,54707	0,54950	0,55193	0,55436	0,55677	0,55919	56
34	0,55919	0,56160	0,56400	0,56640	0,56880	0,57119	0,57357	55
35	0,57357	0,57595	0,57833	0,58070	0,58306	0,58542	0,58778	54
36	0,58778	0,59013	0,59248	0,59482	0,59715	0,59948	0,60181	53
37	0,60181	0,60413	0,60645	0,60876	0,61106	0,61336	0,61566	52
38	0,61566	0,61795	0,62023	0,62251	0,62478	0,62705	0,62932	51
39	0,62932	0,63157	0,63388	0,63607	0,63832	0,64055	0,64278	50
40	0,64278	0,64501	0,64728	0,64944	0,65165	0,65386	0,65605	49
41	0,65605	0,65825	0,66043	0,66262	0,66479	0,66696	0,66913	48
42	0,66913	0,67128	0,67344	0,67559	0,67773	0,67986	0,68199	47
43	0,68199	0,68412	0,68624	0,68835	0,69046	0,69256	0,69465	46
44	0,69465	0,69674	0,69883	0,70090	0,70298	0,70504	0,70710	45
	60′	50′	40′	30′	20′	10′	0′	Deg.

COSINUS NATURELS

SINUS NATURELS

Deg.	0′	10′	20′	30′	40′	50′	60′	
45	0,70710	0,70916	0,71120	0,71325	0,71528	0,71731	0,71934	44
46	0,71934	0,72135	0,72336	0,72537	0,72737	0,72936	0,73135	43
47	0,72135	0,73333	0,73530	0,73727	0,73923	0,741[illegible]9	0,74314	42
48	0,74314	0,74508	0,74702	0,74895	0,75088	0,752[illegible]9	0,75471	41
49	0,75471	0,75661	0,75851	0,76040	0,76229	0,76417	0,76604	40
50	0,76604	0,76791	0,76977	0,77162	0,77347	0,77531	0,77714	39
51	0,77714	0,77897	0,78079	0,78260	0,78441	0,78621	0,78801	38
52	0,78801	0,78979	0,79157	0,79335	0,79512	0,79688	0,79863	37
53	0,79863	0,80038	0,80212	0,80385	0,80558	0,80730	0,80901	36
54	0,80901	0,81072	0,81242	0,81411	0,81580	0,81748	0,81915	35
55	0,81915	0,82081	0,82247	8,82412	0,82577	0,82740	0,82903	34
56	0,82903	0,83066	0,83227	0,83388	0,83548	0,83708	0,83867	33
57	0,83867	0,84025	0,84182	0,84339	0,84495	0,84650	0,84804	32
58	0,84804	0,84958	0,85111	0,85264	0,85415	0,85560	0,85716	31
59	0,85716	0,85866	0,86014	0,86162	0,86310	0,86450	0,86602	30
60	0,86602	0,86747	0,86892	0,87035	0,87178	0,87320	0,87462	29
61	0,87462	0,87602	0,87742	0,87881	0,88020	0,88157	0,88294	28
62	0,88294	0,88430	0,88566	0,88701	0,88835	0,88968	0,89100	27
63	0,89100	0,89232	0,89363	0,89493	0,89622	0,89751	0,89879	26
64	0,89879	0,90006	0,90132	0,90258	0,90383	0,90507	0,90630	25
65	0,90630	0,90753	0,90875	0,90996	0,91116	0,91235	0,91354	24
66	0,91354	0,91472	0,91589	0,91706	0,91821	0,91936	0,92050	23
67	0,92050	0,92163	0,92276	0,92388	0,92498	0,92609	0,92718	22
68	0,92718	0,92827	0,92934	0,93041	0,93148	0,93253	0,93358	21
69	0,93358	0,93461	0,93565	0,93667	0,93768	0,93869	0,93969	20
70	0,93969	0,94068	0,94166	0,94264	0,94360	0,94456	0,94551	19
71	0,94551	0,94646	0,94739	0,94832	0,94924	0,95015	0,95105	18
72	0,95105	0,95195	0,95283	0,95371	0,95458	0,95545	0,95630	17
73	0,95630	0,95715	0,95799	0,95882	0,95964	0,96045	0,96126	16
74	0,96126	0,96205	0,96284	0,96363	0,96440	0,96516	0,96592	15
75	0,96592	0,96667	0,96741	0,96814	0,96887	0,96958	0,97029	14
76	0,97029	0,97099	0,97168	0,97237	0,97304	0,97371	0,97437	13
77	0,97437	0,97502	0,97566	0,97620	0,97692	0,97753	0,97814	12
78	0,97814	0,97874	0,97934	0,97992	0,98050	0,98106	0,98162	11
79	0,98162	0,98217	0,98272	0,98325	0,98378	0,98429	0,98480	10
80	0,98480	0,98530	0,98580	0,98628	0,98676	0,98722	0,98768	9
81	0,98768	0,98813	0,98858	0,98901	0,98944	0,98985	0,99026	8
82	0,99026	0,99066	0,99106	0,99144	0,99182	0,99218	0,99254	7
83	0,99254	0,99289	0,99323	0,99357	0,99389	0,99421	0,99452	6
84	0,99452	0,99482	0,99511	0,99539	0,99567	0,99593	0,99619	5
85	0,99619	0,99644	0,99668	0,99691	0,99714	0,99735	0,99756	4
86	0,99756	0,99776	0,99795	0,99813	0,99830	0,99847	0,99863	3
87	0,99863	0,99877	0,99891	0,99904	0,99917	0,99928	0,99939	2
88	0,99939	0,99948	0,99957	0,99965	0,99972	0,99979	0,99984	1
89	0,99984	0,99989	0,99993	0,99996	0,99998	0,99999	1,0000	0
	60′	50′	40′	30′	20′	10′	0′	Deg.

COSINUS NATURELS

TANGENTES NATURELLES

Deg.	0′	10′	20′	30′	40′	50′	60′	
0	0,00000	0,00290	0,00581	0,00872	0,01163	0,01454	0,01745	89
1	0,01745	0,02036	0,02327	0,02618	0,02909	0,03200	0,03492	88
2	0,03492	0,03783	0,04074	0,04366	0,04657	0,04949	0,05240	87
3	0,05240	0,05532	0,05824	0,06116	0,06408	0,06700	0,06992	86
4	0,06992	0,07285	0,07577	0,07870	0,08162	0,08455	0,08748	85
5	0,08748	0,09042	0,09335	0,09628	0,09922	0,10216	0,10510	84
6	0,10510	0,10804	0,11099	0,11393	0,11688	0,11983	0,12278	83
7	0,12278	0,12573	0,12869	0,13165	0,13461	0,13757	0,14054	82
8	0,14054	0,14350	0,14647	0,14945	0,15242	0,15540	0,15838	81
9	0,15838	0,16136	0,16435	0,16734	0,17033	0,17332	0,17632	80
10	0,17632	0,17932	0,18233	0,18533	0,18834	0,19136	0,19438	79
11	0,19438	0,19740	0,20042	0,20345	0,20648	0,20951	0,21255	78
12	0,21255	0,21559	0,21864	0,22169	0,22474	0,22780	0,23086	77
13	0,23086	0,23393	0,23700	0,24007	0,24315	0,24624	0,24932	76
14	0,24932	0,25242	0,25551	0,25861	0,26172	0,26483	0,26794	75
15	0,26794	0,27106	0,27419	0,27732	0,28046	0,28360	0,28674	74
16	0,28674	0,28989	0,29305	0,29621	0,29938	0,30255	0,30573	73
17	0,30573	0,30891	0,31210	0,31529	0,31850	0,32170	0,32492	72
18	0,32492	0,32813	0,33136	0,33459	0,33783	0,34107	0,34432	71
19	0,34432	0,34758	0,35084	0,35441	0,35739	0,36067	0,36397	70
20	0,36397	0,36726	0,37057	0,37388	0,37720	0,38053	0,38386	69
21	0,38386	0,38720	0,39055	0,39391	0,39727	0,40064	0,40402	68
22	0,40402	0,40741	0,41080	0,41421	0,41762	0,42104	0,42447	67
23	0,42447	0,42791	0,43135	0,43481	0,43827	0,44174	0,44522	66
24	0,44522	0,44871	0,45221	0,45572	0,45924	0,46277	0,46630	65
25	0,46630	0,46985	0,47341	0,47697	0,48055	0,48413	0,48773	64
26	0,48773	0,49133	0,49495	0,49858	0,50221	0,50586	0,50952	63
27	0,50952	0,51319	0,51687	0,52056	0,52427	0,52798	0,53170	62
28	0,53170	0,53544	0,53919	0,54295	0,54672	0,55051	0,55430	61
29	0,55430	0,55811	9,56193	0,56577	0,56961	0,57347	0,57735	60
30	0,57735	0,58123	0,58513	0,58904	0,59297	0,59690	0,60086	59
31	0,60086	0,60482	0,60880	0,61280	0,61680	0,62083	0,62486	58
32	0,62486	0,62892	0,63298	0,63707	0,64116	0,64528	0,64940	57
33	0,64940	0,65355	0,65771	0,66188	0,66607	0,67028	0,67450	56
34	0,67450	0,67874	0,68300	0,68728	0,69157	0,69588	0,70020	55
35	0,70020	0,70455	0,70891	0,71329	0,71769	0,72210	0,72654	54
36	0,72654	0,73099	0,73546	0,73996	0,74447	0,74900	0,75355	53
37	0,75355	0,75812	0,76271	0,76732	0,77195	0,77661	0,78128	52
38	0,78128	0,78598	0,79069	0,79543	0,80019	0,80497	0,80978	51
39	0,80978	0,81461	0,81946	0,82433	0,82923	0,83415	0,83910	50
40	0,83910	0,84406	0,84906	0,85408	0,85912	0,86419	0,86928	49
41	0,86928	0,87440	0,87955	0,88472	0,88992	0,89515	0,90040	48
42	0,90040	0,90568	0,91099	0,91633	0,92169	0,92709	0,93251	47
43	0,93251	0,93796	0,94345	0,94896	0,95450	0,96008	0,96568	46
44	0,96568	0,97132	0,97699	0,98269	0,98843	0,99419	1,0000	45
	60′	50′	40′	30′	20′	10′	0′	Deg.

COTANGENTES NATURELLES

TANGENTES NATURELLES

Deg.	0′	10′	20′	30′	40′	50′	60′	
45	1,0000	1,0058	1,0117	1,0176	1,0235	1,0295	1,0355	44
46	1,0355	1,0415	1,0476	1,0537	1,0599	1,0661	1,0723	43
47	1,0723	1,0786	1,0849	1,0913	1,0977	1,1041	1,1106	42
48	1,1106	1,1171	1,1236	1,1302	1,1369	1,1436	1,1503	41
49	1,1503	1,1571	1,1639	1,1708	1,1777	1,1877	1,1917	40
50	1,1917	1,1988	1,2059	1,2131	1,2203	1,2275	1,2349	39
51	1,2349	1,2422	1,2496	1,2571	1,2647	1,2723	1,2799	38
52	1,2799	1,2876	1,2954	1,3032	1,3111	1,3190	1,3270	37
53	1,3270	1,3351	1,3432	1,3514	1,3596	1,3680	1,3763	36
54	1,3763	1,3848	1,3933	1,4019	1,4106	1,4193	1,4281	35
55	1,4281	1,4370	1,4459	1,4550	1,4641	1,4723	1,4825	34
56	1,4825	1,4919	1,5013	1,5108	1,5204	1,5301	1,5398	33
57	1,5398	1,5497	1,5596	1,5696	1,5798	1,5900	1,6003	32
58	1,6003	1,6107	1,6212	1,6318	1,6425	1,6533	1,6642	31
59	1,6642	1,6753	1,6864	1,6976	1,7090	1,7204	1,7320	30
60	1,7320	1,7437	1,7555	1,7674	1,7795	1,7917	1,8040	29
61	1,8040	1,8164	1,8290	1,8417	1,8546	1,8676	1,8807	28
62	1,8807	1,8940	1,9074	1,9209	1,9347	1,9485	1,9626	27
63	1,9626	1,9768	1,9911	2,0056	2,0203	2,0352	2,0503	26
64	2,0503	2,0655	2,0809	2,0965	2,1123	2,1283	2,1445	25
65	2,1445	2,1609	2,1774	2,1943	2,2113	2,2285	2,2460	24
66	2,2460	2,2637	2,2816	2,2998	2,3182	2,3369	2,3558	23
67	2,3558	2,3750	2,3944	2,4142	2,4342	2,4545	2,4750	22
68	2,4750	2,4959	2,5171	2,5386	2,5604	2,5836	2,6050	21
69	2,6050	2,2279	2,6510	2,6746	2,6985	2,7228	2,7474	20
70	2,7474	2,7725	2,7980	2,8239	2,8502	2,8770	2,9042	19
71	2,9042	2,9318	2,9600	2,9886	3,0178	3,0474	3,0776	18
72	3,0776	3,1084	3,1397	3,1715	3,2040	3,2371	3,2708	17
73	3,2708	3,3052	3,3402	3,3759	3,4123	3,4495	3,4874	16
74	3,4874	3,5260	3,5655	3,6058	3,6470	3,6890	3,7320	15
75	3,7320	3,7759	3,8208	3,8667	3,9136	3,9616	4,0107	14
76	4,0107	4,0610	4,1125	4,1653	4,2193	4,2747	4,3314	13
77	4,3314	4,3896	4,4494	4,5107	4,5736	4,6382	4,7046	12
78	4,7046	4,7728	4,8430	4,9151	4,9894	5,0658	5,1445	11
79	5,1445	5,2256	5,3092	5,3955	5,4845	6,5763	5,6712	10
80	5,6712	5,7693	5,8708	5,9757	6,0844	6,1970	6,3137	9
81	6,3137	6,4348	6,5605	6,6911	6,8269	6,9682	7,1153	8
82	7,1153	7,2687	7,4287	7,5957	7,7703	7,9530	8,1443	7
83	8,1443	8,3449	8,5555	8,7768	9,0098	9.2553	9,5143	6
84	9,5143	9,7881	10,078	10,385	10,711	11,059	11,430	5
85	11,430	11,826	12,250	12,706	13,196	13,726	14,300	4
86	14,300	14,924	15,604	16,349	17,169	18,075	19,081	3
87	19,081	20,205	21,470	22,904	24,541	26,431	28,636	2
88	28,636	31,241	34,367	38,188	42,964	49,103	57,290	1
89	57,290	68,750	85,939	114,58	171,88	343,77	∞	0
	60′	50′	40′	30′	20′	10′	0′	Deg.

COTANGENTES NATURELLES

SÉCANTES NATURELLES

Deg.	0′	10′	20′	30′	40′	50′	60′	
0	1,0000	1,0000	1,0000	1,0000	1,0000	1,0001	1,0001	89
1	1,0001	1,0002	1,0002	1,0003	1,0004	1,0005	1,0006	88
2	1,0006	1,0007	1,0008	1,0009	1,0010	1,0012	1,0013	87
3	1,0013	1,0015	1,0016	1,0018	1,0020	1,0022	1,0024	86
4	1,0024	1,0026	1,0028	1,0030	1,0033	1,0035	1,0038	85
5	1,0038	1,0040	1,0043	1,0046	1,0049	1,0052	1,0055	84
6	1,0055	1,0058	1,0061	1,0064	1,0068	1,0071	1,0075	83
7	1,0075	1,0078	1,0082	1,0086	1,0090	1,0094	1,0098	82
8	1,0098	1,0102	1,0106	1,0111	1,0115	1,0120	1,0124	81
9	1,0124	1,0129	1,0134	1,0139	1,0144	1,0149	1,0154	80
10	1,0154	1,0159	1,0164	1,0170	1,0175	1,0181	1,0187	79
11	1,0187	1,0192	1,0198	1,0204	1,0210	1,0217	1,0223	78
12	1,0223	1,0229	1,0236	1,0242	1,0249	1,0256	1,0263	77
13	1,0263	1,0269	1,0277	1,0284	1,0291	1,0298	1,0306	76
14	1,0306	1,0313	1,0321	1,0329	1,0336	1,0344	1,0352	75
15	1,0352	1,0360	1,0369	1,0377	1,0385	1,0394	1,0402	74
16	1,0402	1,0411	1,0420	1,0429	1,0438	1,0447	1,0456	73
17	1,0456	1,0466	1,0475	1,0485	1,0494	1,0504	1,0514	72
18	1,0514	1,0524	1,0534	1,0544	1,0555	1,0565	1,0576	71
19	1,0576	1,0586	1,0597	1,0608	1,0619	1,0630	1,0641	70
20	1,0641	1,0653	1,0664	1,0676	1,0687	1,0699	1,0711	69
21	1,0711	1,0723	1,0735	1,0747	1,0760	1,0772	1,0785	68
22	1,0785	1,0798	1,0810	1,0823	1,0837	0,0850	1,0863	67
23	1,0863	1,0877	1,0890	1,0904	1,0918	1,0932	1,0946	66
24	1,0946	1,0960	1,0974	1,0989	1,1004	1,1018	1,1033	65
25	1,1033	1,1048	1,1063	1,1079	1,1094	1,1110	1,1126	64
26	1,1126	1,1141	1,1157	1,1174	1,1190	1,1206	1,1223	63
27	1,1223	1,1239	1,1256	1,1273	1,1290	1,1308	1,1325	62
28	1,1325	1,1343	1,1361	1,1378	1,1390	1,1415	1,1433	61
29	1,1433	1,1452	1,1470	1,1489	1,1508	1,1527	1,1547	60
30	1,1547	1,1566	1,1586	1,1605	1,1625	1,1646	1,1666	59
31	1,1666	1,1686	1,1707	1,1728	1,1749	1,1770	1,1791	58
32	1,1791	1,1813	1,1835	1,1856	1,1878	1,1901	1,1923	57
33	1,1923	1,1946	1,1969	1,1992	1,2015	1,2038	1,2062	56
34	1,2032	1,2085	1,2109	1,2134	1,2158	1,2182	1,2207	55
35	1,2207	1,2232	1,2257	1,2283	1,2308	1,2334	1,2360	54
36	1,2360	1,2386	1,2413	1,2440	1,2466	1,2494	1,2521	53
37	1,2521	1,2548	1,2576	1,2604	1,2632	1,2661	1,2690	52
38	1,2690	1,2719	1,2748	1,2777	1,2807	1,2837	1,2867	51
39	1,2867	1,2898	1,2928	1,2959	1,2990	1,3022	1,3054	50
40	1,3054	1,3086	1,3118	1,3150	1,3183	1,3216	1,3250	49
41	1,3250	1,3283	1,3317	1,3351	1,3386	1,3421	1,3456	48
42	1,3456	1,3491	1,3527	1,3563	1,3599	1,3636	1,3673	47
43	1,3673	1,3710	1,3748	1,3785	1,3824	1,3862	1,3901	46
44	1,3901	1,3940	1,3980	1,4020	1,4060	1,4101	1,4142	45
	60′	50′	40′	30′	20′	10′	0′	Deg.

COSÉCANTES NATURELLES

SÉCANTES NATURELLES

Deg.	0′	10′	20′	30′	40′	50′	60′	
45	1,4142	1,4183	1,4225	1,4267	1,4309	1,4352	1,4395	44
46	1,4395	1,4439	1,4483	1,4527	1,4572	1,4617	1,4662	43
47	1,4662	1,4708	1,4755	1,4801	1,4849	1,4896	1,4944	42
48	1,4944	1,4993	1,5042	1,5091	1,5141	1,5191	1,5242	41
49	1,5242	1,5293	1,5345	1,5397	1,5450	1,5503	1,5557	40
50	1,5557	1,5611	1,5666	1,5721	1,5777	1,5833	1,5890	39
51	1,5890	1,5947	1,6005	1,6063	1,6122	1,6182	1,6242	38
52	1,6242	1,6303	1,6364	1,6426	1,6489	1,6552	1,6616	37
53	1,6616	1,6680	1,6745	1,6811	1,6878	1,6945	1,7013	36
54	1,7013	1,7081	1,7150	1,7220	1,7291	1,7362	1,7434	35
55	1,7434	1,7507	1,7580	1,7655	1,7730	1,7806	1,7882	34
56	1,7882	1,7960	1,8038	1,8118	1,8198	1,8278	1,8360	33
57	1,8360	1,8443	1,8527	1,8611	1,8697	1,8783	1,8870	32
58	1,8870	1,8959	1,9048	1,9138	1,9230	1,9322	1,9416	31
59	1,9416	1,9510	1,9606	1,9702	1,9800	1,9899	2,0000	30
60	2,0000	2,0101	2,0203	2,0307	2,0412	2,0519	2,0626	29
61	2,0626	2,0735	2,0845	2,0957	2,1070	2,1184	2,1300	28
62	2,1300	2,1417	2,1536	2,1656	2,1778	2,1901	2,2026	27
63	2,2026	2,2153	2,2281	2,2411	2,2543	2,2676	2,2811	26
64	2,2811	2,2948	2,3087	2,3228	2,3370	2,3515	2,3662	25
65	2,3662	2,3810	2,3961	2,4114	2,4269	2,4426	2,4585	24
66	2,4585	2,4747	2,4911	2,5078	2,5247	2,5418	2,5593	23
67	2,5593	2,5769	2,5949	2,6131	2,6316	2,6503	2,6694	22
68	2,6694	2,6883	2,7085	2,7285	2,7488	2,7694	2,7904	21
69	2,7904	2,8117	2,8334	2,8554	2,8778	2,9006	2,9238	20
70	2,9238	2,9473	2,9713	2,9957	3,0205	3,0458	3,0715	19
71	3,0715	3,0977	3,1243	3,1515	3,1791	3,2073	3,2360	18
72	3,2360	3,2653	3,2951	3,3255	3,3564	3,3880	3,4203	17
73	3,4203	3,4531	3,4867	3,5209	3,5558	3,5915	3,6279	16
74	3,6279	3,6651	3,7031	3,7419	3,7816	3,8222	3,8637	15
75	3,8637	3,9061	3,9495	3,9939	4,0393	4,0859	4,1335	14
76	4,1335	4,1823	4,2323	4,2836	4,3362	4,3901	4,4454	13
77	4,4454	4,5021	4,5604	4,6202	4,6816	4,7448	4,8097	12
78	4,8097	4,8764	4,9451	5,0158	5,0886	5,1635	5,2408	11
79	5,2408	5,3204	5,4026	5,4874	5,5749	5,6653	5,7587	10
80	5,7587	5,8553	5,9553	6,0588	6,1660	6,2771	6,3924	9
81	6,3924	6,5120	6,6363	6,7654	6,8997	7,0396	7,1852	8
82	7,1852	7,3371	7,4957	7,6612	7,8344	8,0156	8,2055	7
83	8,2055	8,4046	8,6137	8,8337	9,0651	9,3091	9,5667	6
84	9,5667	9,8391	10,127	10,433	10,758	11,104	11,473	5
85	11,473	11,868	12,291	12,745	13,234	13,763	14,335	4
86	14,335	14,957	15,636	16,380	17,198	18,102	19,107	3
87	19,107	20,230	21,493	22,925	24,562	26,450	28,653	2
88	28,653	31,257	34,382	38,201	42,975	49,114	57,298	1
89	57,298	68,757	85,945	114,59	171,88	343,77	∞	0
	60′	50′	40′	30′	20′	10′	0′	Deg.

COSÉCANTES NATURELLES

Table des Matières

Partie 1

Partie 2

Application du calcul trigonométrique à la détermination des éléments des roues dentées

Imprimé en France
Lightning Source - 78310 Maurepas

Sciences & Techniques

www.decoopman.com

Éditions Decoopman - Ferrières - 30440 Saint-Laurent-le-Minier
Tel : +33 (0) 4.67.73.90.95 - web : www.decoopman.com - e.mail : editions@decoopman.com
Catalogue gratuit sur simple demande

www.ingramcontent.com/pod-product-compliance
Lightning Source LLC
LaVergne TN
LVHW010931051026
849532LV00003B/942

* 9 7 8 2 9 1 7 2 5 4 9 9 8 *